给心灵洗个澡

宿春礼　主编

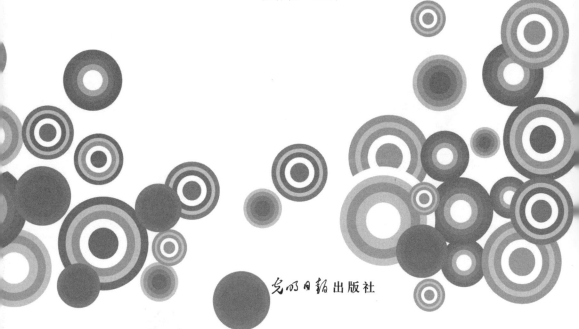

光明日报出版社

图书在版编目（CIP）数据

给心灵洗个澡 / 宿春礼主编 . -- 北京：光明日报出版社，2012.1
（2025.4 重印）

ISBN 978-7-5112-1888-9

Ⅰ.①给… Ⅱ.①宿… Ⅲ.①人生哲学—通俗读物 Ⅳ.① B821-49

中国国家版本馆 CIP 数据核字 (2011) 第 225303 号

给心灵洗个澡

GEI XINLING XI GE ZAO

主　　编：宿春礼

责任编辑：李　娟　　　　　　　　　　责任校对：张荣华
封面设计：玥婷设计　　　　　　　　　责任印制：曹　净

出版发行：光明日报出版社

地　　址：北京市西城区永安路 106 号，100050

电　　话：010-63169890（咨询），010-63131930（邮购）

传　　真：010-63131930

网　　址：http://book.gmw.cn

E - mail：gmrbcbs@gmw.cn

法律顾问：北京市兰台律师事务所龚柳方律师

印　　刷：三河市嵩川印刷有限公司

装　　订：三河市嵩川印刷有限公司

本书如有破损、缺页、装订错误，请与本社联系调换，电话：010-63131930

开　　本：170mm×240mm

字　　数：205 千字　　　　　　　　　印　　张：14

版　　次：2012 年 1 月第 1 版　　　　印　　次：2025 年 4 月第 4 次印刷

书　　号：ISBN 978-7-5112-1888-9-02

定　　价：45.00 元

前　言

　　在当今社会里，科技迅猛发展，人们的工作、生活节奏越来越快，压力也越来越大。在日常的工作、学习、生活当中，人们承受着各种各样的竞争、挑战，竭力地鞭笞着自己，要出人头地，成为社会中最大的赢家。人们的心灵在紧张的劳碌中变得疲惫和脆弱不堪。人们在享受日新月异的物质文明的同时也面临着时尚、奢华的魅惑，于不断的攀比、盲从中逐渐地迷失了本性，丧失了自我，心灵被重重烟尘所覆盖，再难寻见往昔的纯净与安宁。

　　人的一生中要经受凄风苦雨的冲击，要面对光怪陆离的陷阱，保持一种什么样的心态，将直接决定你的生活轨迹。如果你以轻松、明朗的心态去迎接生活，以勇锐盖过怯弱，以进取压倒苟安，你的人生将阳光普照、鸟语花香。如果你持一种悲观焦躁的心态去对待生活，你就会如苍茫大海上的一叶孤舟，随时可能迷失方向，甚至还会颠覆、夭折。

　　生命的旅途中总有许多意想不到的困难和诱惑在等待着我们，使我们的人生变得任重道远，扑朔迷离。这个时候，我们需要为自己的心灵洗个澡，冲刷掉心灵的污垢，拭去心灵的浮躁和疲乏，让心灵得到呵护和润泽，重新焕发出生命的热情与活力。

　　《给心灵洗个澡》共分为11辑，精选了多则精彩动人的故事美文，内容涉及诸多方面。行文韵律优美流畅，语言细腻清新，于炎炎浊世中为各方的人们搭建一个心与心交流的平台。

　　本书中的每一篇短文带给你的都是一次心灵的悸动，一道顿悟的光芒，一脉沁人心脾的溪水，让你在尘世的喧嚣中蓦然聆听到生命的真谛，得到心灵的净化和情感的释放，并获得难以言传的审美愉悦。

　　朋友，当你于茶余饭后，或是忙里偷闲之时，翻阅此书，你将会明白这样一个道理：决定一个人幸福生活的不是他所处的环境，而是他是否拥有一个良好的心态，是否懂得在任何情况下都不忘审视自己的内心，洗涤自己的心灵，让其永葆生命的纯真和青春的激情，让自己活得更轻松、更自在、更快乐、更洒脱。

目 录

◎ 第一辑　心态决定命运 ◎

◎ 第二辑　做自己的心态调理师 ◎

◎ 第三辑　打破心灵的瓶颈 ◎

◎ 第四辑　蹚过心灵的冰河 ◎

◉ 第五辑　放飞美丽的心情 ◉

◉ 第六辑　品尝心灵的静之趣 ◉

◎ 第七辑　让心灵诗意地栖居 ◎

◎ 第八辑　永葆一颗平常心 ◎

◉ 第九辑　爱让心灵丰富充盈 ◉

◎ 第十辑　友谊是心灵的甘泉 ◎

◎ 第十一辑　发现你心灵的力量 ◎

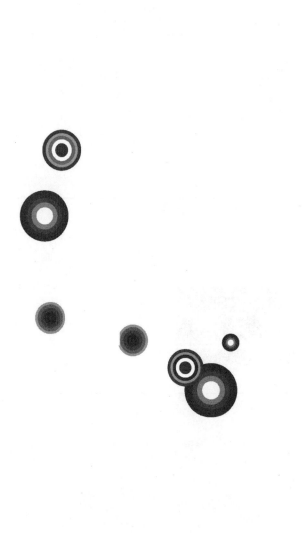

心态决定命运

哲人说:"你的心态就是你真正的主人。"伟人说:"要么你去驾驭生命,要么生命驾驭你。你的心态将决定谁是坐骑,谁是骑师。"在人生的旅途中,有数不尽的坎坷泥泞,也有看不完的春花秋月,持一种什么样的心态,将最终决定你的人生轨迹。

成功由心态掌控

　　积极的心态能使你集中所有的精神力量去成就一番事业。当你以积极的心态全力以赴时，无论结果如何，你都是赢家。

　　有一位妈妈，她有一位读高中而且网球打得很好的女儿。有一年，学校举行网球联赛，女儿信心十足地报了名，满怀着夺冠的希望。

　　比赛前，当女儿查看赛程表时，发现第一场和自己比赛的竟是曾经打败她的高手，她很是灰心，开始垂头丧气起来。

　　"这次可能连预赛出线的机会也没有了。"

　　妈妈看见女儿如此绝望，自己的压力也很大。她脑子一转，对女儿说："你想不想把那人打败呢？"

　　"当然想呀，不过她上次把我打得很惨，我们的实力相差太远了。"

　　"我有一个方法，如果你照着我的话做，你便能赢这场比赛。"

　　"真的吗？请妈妈快点告诉我好吗！"

　　"你现在闭上眼睛，回想以前你打网球时最精彩的一幕，把那过程从头到尾重演一次，好好地感受胜利的滋味。"

　　女儿照着妈妈的话做，刚才脸上的绝望不见了，换来的是一片精神焕发。改变了面对比赛的态度，让她充满了信心和活力。

　　比赛开始了。女儿信心百倍地踏上球场，施展浑身解数，把对方打得落花流水，顺利地赢得第一场比赛。比赛结束之后，女儿兴高采烈地冲向妈妈。妈妈说："你打得很好呢！"

　　"全靠妈妈的指点！坦白说，我最初听到时觉得有点怀疑，没想到那么有效！"女儿兴奋地说着。

当你的心灵只为一种可能的结果所盘踞时，你的心灵便会产生一种魔力，你的思考过程和整个神经系统会将一切的力量都凝聚于产生这个结果。

能利用心灵力量让自己的表现更好吗？当然可以。你可以重复地告诉自己——"我能做到！我能做到！我能做到！"且在重复这句话的同时，也要想象着你所想要达到的表现水准。不要让任何相反的念头窜入你的心里！忘掉它们！胜利者永远只想着胜利。

信念会在许多方面以化学方式影响我们的心理和生理，让我们更确定成功的到来。我们的心理和生理会呈现的最佳状态包括：进取心更强、更为专注、注意力更为集中、更大的力量、更多的精力以及追求胜利的坚强意志和决心。

相信自己会失败的人，总是相信不好的结果一定会发生，他们并非缺乏信心，错误只在于他们总是将自己的满腔信心放在不想要的事情上！唯有我们所坚信的思想最后才会落实在我们的生活中，这是因为潜意识只接受我们所相信的事物。若想了解我们自己现在拥有哪些坚定的信念，我们只需好好去检视各个生活层面——我们的健康、家庭、职业、朋友、活动以及所拥有的事物等。

心灵感悟

让心灵先到达你想去的那个地方，接下来我们要做的，就是沿着心灵的召唤前进了。听从心灵的召唤，走自己的路，我们的人生由我们自己做主。为了自己的信念，在心灵深处坚持不懈，这就好比在心里嵌上了不竭的热源，还会惧怕表面上的雨雪风霜吗？

心态影响生活

我们的生活状况其实就是我们心境的外部反映，从某种意义上说，有什么样的心境，就有什么样的生活。

有位老太太生了两个女儿，大女儿嫁给伞店老板，小女儿当上了洗衣作坊的女主管。于是老太太整天忧心忡忡，逢上雨天，她担心洗衣作坊的衣服晾不干；逢上晴天，她生怕伞店的雨伞卖不出去，天天为女儿担忧，日子过得很忧郁。后来一位聪明人告诉她："老太太，您真是好福气！下雨天，您大女儿家生意兴隆；大晴天，您小女儿家顾客盈门。哪一天你都有好消息啊！"老太太一想，果然如此，从此高兴起来，每天都很舒心。天还是老样子，只是脑筋变了一变，生活的色彩竟然焕然一新。

明人陆绍珩说，一个人生活在世上，要敢于"放开眼"，而不向人间"浪皱眉"。

"放开眼"和"浪皱眉"就是对人生两面的选择。你选择正面，你就能乐观自信地舒展眉头，面对一切；你选择背面，你就只能是眉头紧锁，郁郁寡欢，最终成为人生的失败者。

悲观失望的人在挫折面前，会陷入不能自拔的困境；乐观向上的人即使在绝境之中，也能看到一线生机，并为此而努力。有位诗人说："即使到了我生命的最后一天，我也要像太阳一样，总是面对着事物光明的一面。"到处都有明媚宜人的阳光，勇敢的人一路纵情歌唱。即使在乌云的笼罩之下，他也会充满对美好未来的期待，跳动的心灵一刻都不曾沮丧悲观；不管他从事什么行业，他都会觉得工作很重要、很体面；即使他穿的衣服褴褛不堪，也无碍于他的尊严；他不仅自己感到快乐，也给别人带来快乐。

千万不要让自己的心消沉，一旦发现有这种倾向就要马上避免。我们应该养成乐观的个性，面对所有的打击我们都要坚韧地承受，面对生活的阴影我们也要勇敢地克服。要知道，任何事物总有光明的一面，我们应该去发现光明的一面。垂头丧气和心情沮丧是非常危险的，这种情绪会减少我们生活的乐趣，甚至会毁灭我们的生活本身。

心灵感悟

一个人要想生活幸福，就不能总把目光停留在那些消极的东西上，那只会使你沮丧、自卑，徒增烦恼，还会影响你的身心健康。结果，你的人生就可能被失败的阴影遮蔽本该有的光辉。

心境不同结果不同

古代一个举人进京赶考，住在一家店里。考试前两天他做了三个梦，第一个梦是自己在墙上种白菜；第二个梦是下雨天，他戴了斗笠还打伞；第三个梦是跟心仪已久的表妹躺在一起，但是背靠着背。

这三个梦似乎有些深意，举人第二天就赶紧去找算命的解梦。算命的一听，连拍大腿说："你还是回家吧！你想想，高墙上种菜不是白费劲吗？戴斗笠打雨伞不是多此一举吗？跟表妹都躺在一张床上了，却背靠背，不是没戏吗？"

举人一听，如同掉进了万丈深渊。他回到店里，心灰意冷地收拾包袱准备回家。店老板非常奇怪，问："不是明天就要考试了吗？你怎么今天就要回乡了？"

举人如此这般说了一番，店老板乐了："哟，我也会解梦的。我倒觉得，你这次一定要留下来。你想想，墙上种菜不是高种（中）吗？戴斗笠打伞不是说明你这次有备无患吗？跟你表妹背靠背躺在床上，不是说明你翻身的时候就要到了吗？"

举人一听，更有道理，于是振奋精神参加考试，果然考中了。

这就是不同心态带来的不同结果。

为什么会这样呢？积极的心态能激发脑啡，脑啡又转而激发乐观和幸福的感觉，这些感觉反过来又增强了积极的心态，这样，就形成了"良性循环"。

积极的心态能激发高昂的情绪，帮助我们忍受痛苦，克服抑郁、恐惧，化紧张为精力充沛，并且凝聚坚忍不拔的力量。

这就从生理学（精神药理学）的角度解释了为什么成功者都是心态积极者，为什么他们能够拿得起、放得下，忍辱负重，乐观向上，义无反顾地走向成功。

相反，消极的心态和颓废的思想则耗尽了体内的脑啡，导致人心情沮丧；由于心情沮丧，脑啡的分泌量更加减少，于是消极的想法变得越来越严重，这就是"恶性循环"。

心 灵 感 悟

树立健康的心态，树立富有生机与活力的心态，这种心态作为一切创造的源泉，作为一种永恒的真理，是一种妙不可言的万应灵药，将使你顿感力量陡增，积极地投入生活。

正确认识自己

一只狐狸早晨起来欣赏着自己在晨曦中的身影说："今天我要用一只骆驼做午餐呢！"整个上午，它奔波着，寻找骆驼。但当正午的太阳照在它的头顶时，它再次看了一眼自己的身影，于是说："一只老鼠也就够了。"狐狸之所以犯了两次截然不同的错误，与它选择"晨曦"和"正午的阳光"作为镜子有关。晨曦不负责任地拉长了它的身影，使它错误地认为自己就是万兽之王，并且力大无穷、无所不能，而正午的阳光又让它对着自己已缩小了的身影妄自菲薄。

像狐狸这种心态的，在现实生活中大有人在，对自己认识不足，过分强调某种能力，或者无根无据承认自己无能。这种情况下，千万别忘记上帝为我们准备了另外一面镜子，这块镜子就是"反躬自省"4个字，它可以照见落在心灵上的尘埃，提醒我们"时时勤拂拭"，使我们认识真实的自己。

尼采曾经说过："聪明的人只要能认识自己，便什么也不会失去。"正确认识自己，才能使自己充满自信，才能使人生的航船不迷失方向。正确认识自己，才能正确确定人生的奋斗目标。只有有了正确的人生目标，并充满自信，为之奋斗终生，才能此生无憾，即使不成功，自己也会无怨无悔。

世界上没有两片完全相同的树叶，人也一样，每个人都是上帝的宠儿。正确认识自己，既看到自己的长处，也认识到自己的不足，为自己正确定位，这样才能充满自信地去迎接机遇和挑战，为自己创造更多的成功和欢乐。

心 灵 感 悟

虽然，生活赋予我们每个人的并不是完全相同的命运，但上帝是无私的。天生我才必有用，只要我们正确认识自己，不失自知之明，就能谱写出属于自己的华美乐章。

把任何怀疑的思想驱逐掉

3 只青蛙掉进了鲜奶桶中。

第一只青蛙说："这是命。"于是它盘起后腿，一动不动地等待着死亡的降临。

第二只青蛙说："这桶看来太深了，凭我的跳跃能力，是不可能跳出去了。今天死定了。"于是，它沉入桶底淹死了。

第三只青蛙打量着四周说："真是不幸！但我的后腿还有劲，我要找到垫脚的东西，跳出这可怕的桶！"

于是，第三只青蛙一边划一边跳，慢慢地，奶在它的搅拌下变成了奶油块，在奶油块的支撑下，这只青蛙奋力一跃，终于跳出奶桶。

正是希望救了第三只青蛙的命。

许多成功者都有乐观期待的习惯。不论目前所遭遇的境地是怎样的惨淡黑暗，他们都不会屈服于现状，他们对于自己的信仰、对于"最后的胜利"始终坚定不移。这种乐观的期待心理会生出一种神秘的力量，以使他们达成愿望。

每个人都应该坚信自己所期待的事情能够实现，千万不可有所怀疑。要把任何怀疑的思想都驱逐掉，而代之以必胜的信念，努力发掘出属于自己的强项，必定会有美满的成功。

心 灵 感 悟

人的一生很像是在雾中行走，远远望去，只是迷茫一片，辨不出方向和前程。可是，当你鼓起勇气，放下悲伤和沮丧，一步一步向前走去的时候，你就会发现，每走一步，你都能把下一步路看得清楚一点。"放下悲观往前走，别站在远远的地方观望！"这样，你就可以潇洒上路，最终找到属于你的方向。

信念的力量

生活中没有信念的人，犹如一个没有罗盘的水手，在浩瀚的大海里随波逐流。

1989 年，发生在美国洛杉矶一带的大地震，在不到 4 分钟的时间里，使 30 万人受到伤害。

在混乱和废墟中，一个年轻的父亲安顿好受伤的妻子，便冲向他 7 岁的儿子上学的学校。他眼前，那个昔日充满孩子们欢声笑语的漂亮的 3 层教学楼，已变成一堆废墟。

他顿时感到眼前一片漆黑，大喊："阿曼达，我的儿子！"跪在地上大哭了一阵后，他猛地想起自己常对儿子说的一句话："不论发生什么，我总会跟你在一起！"他坚定地挺起身，向那片看起来毫无希望的废墟走去。

他每天早上送儿子上学，知道儿子的教室在楼的一层左后角，他疾步走到那里，开始动手。

在他清理挖掘时，不断有孩子的父母急匆匆地赶来，看到这片废墟，他们痛哭并大喊："我的儿子！""我的女儿！"哭喊过后，他们绝望地离开了，有些人上来拉住这位父亲："太晚了，他们已经死了。"

"这样做无济于事，回家去吧！"

"冷静些，你要面对现实。"

这位父亲双眼直直地看着这些好心人，问道："你是不是来帮助我的？"没人给他肯定的回答，他便埋头接着挖。

救火队长挡住他："太危险了，随时可能发生起火爆炸。请你离开。"

这位父亲问："你是不是来帮助我的？"

警察走过来："你很难过，难以控制自己，可这样不但不利于你自己，对他人也有危险，马上回家去吧。"

"你是不是来帮助我的？"

人们都摇头叹息地走开了，认为他精神失常了。

这位父亲心中只有一个念头："儿子在等着我。"

他挖了 8 小时，12 小时，24 小时，36 小时，没人再来阻挡他。他满脸灰尘，双眼布满血丝，浑身上下到处是血迹。到第 38 小时，他突然听见底下传出孩子的声音："爸爸，是你吗？"

是儿子的声音！父亲大喊："阿曼达！我的儿子！"

"爸爸，真的是你吗？"

"是我，是爸爸！我的儿子！"

"我告诉同学们不要害怕，说只要我爸爸活着就一定会来救我们，因为他说过'无论发生什么，我总会跟你在一起！'"

"你现在怎么样？有几个孩子活着？"

"我们这里有 14 个同学，都活着，我们都在教室的墙角。房顶塌下来架了个大三角形，我们没被砸着。我们又饿又渴又害怕，现在好了。"

父亲大声向四周呼喊："这里有 14 个孩子，都活着！快来人！"

心 灵 感 悟

信念能够产生巨大的力量。在生活中，想想积极的事，有助于心态的改变。凡事若不从好的方面去想，往往可能还没有去做某件事就失去了信心，其结果十有八九会朝着不利的方向发展。所以，做什么事都要有积极的信念，都要从好的方面去想。当你想象你会成功时，你就会增强信心，并在实践中想方设法去做。从好的方面想，才会有好的结果。

怀有成为珍珠的信念

很久很久以前，有一个养蚌人，他想培养一颗世上最大最美的珍珠。

他去海边沙滩上挑选沙粒，并且一颗一颗地问那些沙粒，愿不愿意变成珍珠。那些沙粒一颗一颗都摇头说不愿意。养蚌人从清晨问到黄昏，他都快要绝望了。

就在这时，有一颗沙粒答应了他。

旁边的沙粒都嘲笑起那颗沙粒，说它太傻，去蚌壳里住，远离亲人、朋友，见不到阳光、雨露、明月、清风，甚至还缺少空气，只能与黑暗、潮湿、寒冷、孤寂为伍，不值得。

可那颗沙粒还是无怨无悔地随着养蚌人去了。

斗转星移，几年过去了，那颗沙粒已长成了一颗晶莹剔透、价值连城的珍珠，而曾经嘲笑它傻的那些伙伴们，却依然只是一堆沙粒，有的已风化成土。

也许你只是众多沙粒中最最平凡的一颗，但如果你有要成为一颗珍珠的信念，并且忍耐着、坚持着，当走过黑暗与苦难的长长隧道之后，你或许会惊讶地发现，平凡如沙粒的你，在不知不觉中，已长成了一颗珍珠。每颗珍珠都是由沙子磨砺出来的，能够成为珍珠的沙粒都有着成为珍珠的坚定信念，并无怨无悔。沙粒之所以能成为珍珠，只是因为它有成为珍珠的信念。芸芸众生中，我们原本只是一粒粒平凡的沙子，但只要怀有成为珍珠的信念，你终会长成一颗珍珠的。

选准合适的角色

从前，一位陶工制作了一只精美的彩釉陶罐，他把这只精美的陶罐搬回家中放到了屋角的一块石头上。

陶罐认为主人把自己放错了地方，整天唉声叹气地抱怨说："我这么漂亮，这么精致，为什么不把我放到皇宫里作为收藏品呢？即使摆放到商店展出，也比待在这儿强啊！"

陶罐底下的石头听了忍不住劝它："这儿不是也挺好吗？我比你待的时间还久呢。"

陶罐听了讥讽石头说："你算什么东西？只不过是一块垫脚石罢了，你有我这么漂亮的图案么？和你在一起我真感到羞耻。"

石头争辩说："我确实不如你漂亮好看，我生来就是做垫脚石的，但在完成本职任务方面，我不见得比你差……"

"住嘴！"陶罐愤怒地说，"你怎么敢和我相提并论！你等着吧，要不了多久，我就会被送到皇宫成为收藏品……"它越说越激动，不提防摇晃了一下，"哗啦"掉在地上，摔成了一堆碎片。

一年一年过去了，世界发生了许多事情，一个又一个王朝覆灭了，陶工的房子早已倒塌了，石块和那堆陶罐碎片被遗落在荒凉的场地上。历史在它们的上面积满了渣滓和尘土，一个世纪连着一个世纪。

许多年以后的一天，人们来到这里，掘开厚厚的堆积，发现了那块石头。

人们把石块上的泥土刷掉，露出了晶莹的颜色。"啊，这块石头可是一块价值连城的宝玉呢！"一个人惊讶地说。

"谢谢你们！"石块兴奋地说，"我的朋友陶罐碎片就在我的旁边，请你们把它也发掘出来吧，它一定闷得够受了。"

人们把陶罐碎片捡起来，翻来覆去查看了一番，说："这只是一堆普通的陶罐碎片，一点价值也没有。"说完就把这些陶罐碎片扔进了垃圾堆。

社会是一座舞台，要想在这个舞台上当一名好演员，就必须根据自己的素质、才能、兴趣和环境条件，选择好适合自己的社会角色，只能演配角就不要去争当主角，适合当士兵就别奢望当将军。如果认不清自己，不满足于普通的角色，像故事中的陶罐那样，一心想成为皇宫的收藏品，把自己摆错了位置，到头来只会白费力气，一事无成。反之，一旦选准了适合的角色，走向成功也是顺理成章的事情。

心灵感悟

在生活中，谁都想最大限度地发挥自己的能量，在更大程度上获得社会的承认。而要想做到这一点，你就必须根据自己的特长和爱好选准适合自己扮演的社会角色。

积极的心态

一个年轻人和一个老年人分别要在夜晚不同的时间里，穿过一处阴森的树林。

走之前，他俩都听说这树林里出现过一只狼，那是从附近一座山上跑下来的。但这只狼是否还在那里，谁也不知道。

老年人临行前，别人劝他还是不去为好，可老人说："我已经与树林那边的人约好了，今晚无论如何要赶到。再说，反正我已六十多岁了，让狼吃了也没什么了不起。"

于是，老人走了，他准备了一根木棍，一把斧头，很快走进了树林。几个小时后，当老人走出树林时，他已经精疲力竭。灯光下，人们看见老人身上有许多血迹。

年轻人临行前，别人也同样劝他别去，年轻人犹豫了一下，他想，老人都去了，我若退缩的话多没面子，于是，学着老人的话说："我也已经与树林那边的人约好了，怎能不去呢？"接着又说："要是那老人和我一起走，该多好啊！毕竟两个人安全些，我还年轻，以后的日子还长着呢！"说这话的时候，年轻人因害怕而浑身发抖。

那晚他也走进了树林，但人们却没能见到他到达树林的那边。天亮的时候，人们只在那片树林里，见到一堆新鲜的骨头。

故事中，年轻人结局悲惨的原因就在于他持一种消极的心态，在遇到狼以前，他就已经否定了自己。由此可见，建立一种积极的心态才是成功的关键。

很多时候，大部分人之所以不成功，是因为他们不"想"成功，或者说他们不具备成功者的心态。知识与才能是成功的发动机，而积极的心态则是成功发动机中的润滑油。通过对大量成功者的研究，我们可以看到，几乎所有的成功者都表现出一个共同的特征，那就是都具备积极的心态。有的人仿佛天生就具备积极乐观、善于自我激励等特征，而有的人则经过苦难的磨砺主动地培养了积极的个性。没有什么比积极的心态更能使一个普通平凡的人走上成功的道路。从这个角度讲，积极的心态是成功理论的重要原则之一。如果你已具有积极的心态，那么恭喜你；如果你能培养积极的心态，那么你也必定能走向成功。

心灵感悟

成功者与失败者之间的差别是：成功者始终用最积极的思考、最乐观的精神和最辉煌的经验支配和控制自己的人生；失败者则刚好相反，他们的人生是受过去的种种失败与疑虑所引导和支配的。

进取心创造卓越

玛丽·凯在美国可谓家喻户晓,然而在创业之初,她曾历尽失败,走了不少弯路。但她从来不灰心、不泄气,最后终于成为大器晚成的化妆品行业的"皇后"。

20世纪60年代初期,玛丽·凯已经退休回家。可是过分寂寞的退休生活使她突然决定冒一冒险。经过一番思考,她把一辈子积蓄下来的5000美元作为全部资本,创办了玛丽·凯化妆品公司。

为了支持母亲实现"狂热"的理想,两个儿子也"跳往助之",一个辞去一家月薪480美元的人寿保险公司代理商职务,另一个也辞去了休斯敦月薪750美元的职务,加入到母亲创办的公司中来,宁愿只拿250美元的月薪。玛丽·凯知道,这是背水一战,是在进行一次人生中的大冒险,弄不好,不仅自己一辈子辛辛苦苦的积蓄将血本无归,而且还可能葬送两个儿子的美好前程。

在创建公司后的第一次展销会上,她隆重推出了一系列功效奇特的护肤品。按照原来的想法,这次活动会引起轰动,一举成功。可是,"人算不如天算",整个展销会下来,她的公司只卖出去15美元的护肤品。

在残酷的事实面前,玛丽·凯不禁失声痛哭,而在哭过之后,她反复地问自己:"玛丽·凯,你究竟错在哪里?"

经过认真分析,她终于悟出了一点:在展销会上,她的公司从来没有主动请别人来订货,也没有向外发订单,而是希望女人们自己上门来买东西……难怪在展销会上落到如此下场。

玛丽擦干眼泪,从第一次失败中站了起来,在抓生产管理的同时,加强了销售队伍的建设……

经过20年的苦心经营,玛丽·凯化妆品公司由初创时的雇员9人发展到现在的5000多人;由一个家庭公司发展成为一个国际性的公司,拥有一支20万人的推销队伍,年销售额超过3亿美元。

玛丽·凯终于实现了自己的梦想。是什么力量不断地激励玛丽·凯朝着自己的目标前进？这个推动力就是:进取心。一旦养成一种不断自我激励、始终向着更高目标前进的习惯，我们身上的很多不良习性就都会逐渐消失。一旦我们有幸受这种伟大推动力的引导和驱使，我们就会成长、开花、结果，进取心最终会成为一种伟大的自我激励力量，它会使我们的人生更加崇高。

心灵感悟

进取心是神秘的宇宙力量在人身上的体现，这种动力并不是纯粹的人为力量能创造的。为了获得和满足这种力量，我们甚至愿意放弃舒适乃至牺牲自我。我们每个人都感到，我们需要这种激励，它是我们人生的支柱。

希望让生命之树常青

希望和欲念是生命不竭的原因所在。记住，无论在什么境况中，我们都必须有继续向前行的信心和勇气，生命的生动在于我们满怀希望，不懈追求。

有一个老人，刚好 100 岁那年，不仅功成名就，子孙满堂，而且身体硬朗，耳聪目明。在他百岁生日的这一天，他的子孙济济一堂，热热闹闹地为他祝寿。

在祝寿中，他的一个孙子问:"爷爷，您这一辈子中，在那么多领域做了那么多的成绩，您最得意的是哪一件呢？"

老人想了想说:"是我要做的下一件事情。"

另一个孙子问:"那么，您最高兴的一天是哪一天呢？"

老人回答:"是明天，明天我就要着手新的工作，这对于我来说是最高兴的事。"

这时，老人的一个重孙子，虽然还 30 岁不到，但已是名闻天下的大作家了，站起来问:"那么，老爷爷，最令您感到骄傲的子孙是哪一个呢？"说完，他就支起耳朵，等着老人宣布自己的名字。

没想到老人竟说："我对你们每个人都是满意的，但要说最满意的人，现在还没有。"

这个重孙子的脸陡地红了，他心有不甘地问："您这一辈子，没有做成一件感到最得意的事情，没有过一天最高兴的日子，也没有一个令您最满意的孙子，您这 100 年不是白活了吗？"

此言一出，立即遭到了几个叔叔的斥责。老人却不以为忤，反而哈哈大笑起来："我的孩子，我来给你说一个故事：一个在沙漠里迷路的人，就剩下半瓶水。整整 5 天，他一直没舍得喝一口，后来，他终于走出大沙漠。现在，我来问你，如果他当天喝完那瓶水的话，他还能走出大沙漠吗？"

老人的子孙们异口同声地回答："不能！"

老人问："为什么呢？"

他的重孙子作家说："因为他会丧失希望和欲念，他的生命很快就会枯竭。"

老人问："你既然明白这个道理，为什么不能明白我刚才的回答呢？希望和欲念，也正是我生命不竭的原因所在呀！"

生命在于永不放弃，我们的事业也如此，有希望在，我们就有了前进的方向，就有了不竭的动力。

心灵感悟

心无希望的人注定只能浑浑噩噩地生活，没有目标，一切都显得很糟糕。

希望是我们内心深处盛开的一朵永不凋零的花儿，人生在世绝不能没有希望。

无论我们的生活是什么状况的，有希望就会有光明。

做自己的主人

人要主宰自己的命运，做自己的主人。

"老师让我去报名参加那个拼写竞赛。"13岁的安琪一回到家就告诉父母。

"太好了，你已经报名了吗?"

"还没有呢。"

"为什么，宝贝?"父母奇怪地问。

"我有点害怕，台下可能会有许多人看着。"安琪很激动，她在家一向是个听父母话的孩子，在学校平时也不爱多说话，但是学习成绩很好。

"我想你还是先报个名吧，你可以很好地锻炼自己的。不过这事儿你还是得自己决定。"

父母离开了安琪的屋子。过了两天之后，学校老师打来电话，让安琪的父母说服安琪去报名参加拼写竞赛。

安琪回到家后，父母又跟她谈了话，父母对她说:"首先，我们并不是强迫你一定要报名，这件事还是你来作决定，但是我们可以谈谈关于参加竞赛的利弊。参加竞赛可以锻炼自己的意志，锻炼自己的智力，还能增强自己的信心。比赛赢了更好，没有得名次，也是无关紧要的，我们不在乎。因为你在我们的心目中是很有能力的孩子，这点并不需要用竞赛的名次来证明。"

父母又对她说:"老师打电话来说，他也很相信你的能力。我们对你的比赛结果都不太关心，关心的只是你是不是想用这一次机会去锻炼自己。"

有这样开明的父母的鼓励和支持，最后安琪还是去报名了。

安琪的父母知道安琪很聪明，只是她太胆小了。她不敢想象如果自己站在台上面对那么多的观众拼写单词会是一种什么样的感觉。她的父母很想让安琪见一见世面，让她走向自己的生活，而这就是一个很好的机会。还有，父母想让安琪通过这一机会来证明她自己的能力，也好好地锻炼自己的胆量，发现自己的一些潜力，明白自己只是有些发怵，需要自己的父母给加油，同时，又能够消除得一个名次的压力。

安琪的父母对安琪充满了信心，但他们并不催促安琪，而是让她自己来做这一决定。

通过这件事，安琪增强了自己的独立性和勇气，而父母则很满意自己鼓励了安琪，使她没有失去一个很好的锻炼自己的好机会。

要驾驭命运，从近处说，要自主地选择学校，选择书本，选择朋友，选择服饰；从远处看，则要不被种种因素制约，自主地选择自己的事业、爱情和大胆地追求崇高的精神。

你的一切成功、一切造就，完全取决于你自己。

你应该掌握前进的方向，把握住目标，让目标似灯塔般在高远处闪光；你应该独立思考，有自己的主见，懂得自己解决问题。你不应相信有救世主，不该信奉什么神仙或皇帝，你的品格、你的作为，你所有的一切都是你自己行为的产物，并不能靠其他什么东西来改变。在生活道路上，你必须善于做出抉择，不要总是踩着别人的脚步走，不要总是听凭他人摆布，而要勇敢地驾驭自己的命运，调控自己的情感，做自己的主宰，做命运的主人。

心灵感悟

人若失去自己，是一种不幸；人若失去自主，则是人生最大的缺憾。赤橙黄绿青蓝紫，谁都应该有自己的一片天地和特有的亮丽色彩。你应该果断地、毫无顾忌地向世人宣告并展示你的能力、你的风采、你的气度、你的才智。

做自己的
心态调理师

做自己心态的调剂师是迈向成功的第一步。人要么是心态的主人，要么成为心态的奴隶。每个人都应积极进取、奋发有为，努力地提升自己的品位，让自己脱颖而出，成为一个有价值的人。但是，如果他不能有效地调控心态，就根本别想把握住人生的局面，成为命运的主人。

想当孔雀的乌鸦

有一只高傲的乌鸦非常瞧不起自己的同伴。它到处寻找孔雀的羽毛，一根一根地藏起来。等搜集得差不多了，它就把这些孔雀的羽毛插在自己乌黑的身上，直至将自己打扮得五彩缤纷，看起来真有点像孔雀为止。然后，它离开乌鸦的队伍，混到孔雀群中。但当孔雀们看到这位新同伴时，立即注意到这位来客穿着它们的衣服，忸忸怩怩、装腔作势，大伙都气愤极了。它们扯去乌鸦所有的假羽毛，拼命地啄它、扯它，把它弄得头破血流，痛得昏死在地。

乌鸦苏醒后，不知该怎么办才好。它再也不好意思回到乌鸦同伴中去。想当初，自己插着孔雀羽毛，神气活现的时候，是怎么也看不起自己的同伴啊！

最后，它终于决定还是老老实实地回到同伴们那儿去。有一只乌鸦问它："请告诉我，你瞧不起自己的同伴，拼命想抬高自己，你可知道害羞？要是你老老实实地穿着这件天赐的黑衣服，如今也不至于受这么大的痛苦和侮辱了。当人家扒下你那伪装的外衣时，你不觉得难为情吗？"说完，谁也不理睬它，大伙一起高高飞走了。

地面上，那只梦想当孔雀的乌鸦被孤零零地留下了。

莎士比亚说："轻浮的虚荣是一个十足的饕餮者，它在吞噬一切之后，结果必然牺牲在自己的贪欲之下。"虚荣是一种无聊的、骗人的东西，我们要时时提醒自己远离虚荣，以免被它撞得头破血流。

虚荣是虚妄的荣耀，是掩耳盗铃的现代解释，是无知无能的你最想依赖而实际上最依靠不住的心灵稻草。稻草人是用来吓唬乌鸦及其他动物的，而你是人，还有点智商，你想用稻草人来保护自己，真是愚蠢至极。

虚荣心是一种为了满足自己荣誉、社会地位的欲望。虚荣心强的人往往不惜玩弄欺骗、诡诈的手段来炫耀、显示自己，借此博取他人的称赞和羡慕，最大限度地满足自己的虚荣心。但是由于这种人自身素质低、修养差，经常是真善美与假恶丑不分，往往把肉麻当有趣，将粗俗当高雅，打扮不合时宜，矫揉造作，不伦不类，使人感到很不舒服，甚至产生恶心之感。故事中的乌鸦，就是因为贪图虚荣，盲目追求标新立异的效果，结果弄巧成拙，留下了笑柄。

华丽的外表无法掩饰空虚的心灵。很难想象一个爱慕虚荣的人能有多大的成就，因为他们总是把一些浮在表面上的东西作为提高自己地位的条件，而不是扎实地生活和工作。由于虚荣心具有许多负面的东西，是一种扭曲的人格，它多半会遭到他人的反感和敌意，甚至攻击，因此要尽量克服它。

要克服虚荣心，关键要树立正确的荣辱观，即对荣誉、地位、得失、面子要持有一种正确的认识和态度。不可过分追求荣华富贵、安逸享受，否则就真的陷入了爱慕虚荣的怪圈。

心灵感悟

虚荣心会将你带入无知的深渊。你如果只是追求名誉、地位，看重他人对你的看法，那你就会在无意中将真实和真理拒之于千里之外。追求虚荣是与追求真理相悖的一种肤浅意识。

恐惧是心灵之魔

恐惧能摧残一个人的意志和生命，它能影响人的胃、伤害人的修养、减少人的生理与精神的活力，进而破坏人的身体健康。它能打破人的希望、消退人的志气，而使人的心力"衰弱"至不能创造或从事任何事业。

许多人简直对一切都怀着恐惧之心：他们怕风，怕受寒；他们吃东西时怕有毒，经营商业时怕赔钱；他们怕人言，怕舆论；他们怕困苦的时候到来，怕贫穷，怕失败，怕收获不佳，怕雷电，怕暴风……他们的生命，充满了怕，怕，怕！

恐惧能摧残人的创造精神，足以杀灭个性而使人的精神机能趋于衰弱。一旦心怀恐惧、不祥的预感，则做什么事都不可能有效率。恐惧代表着、指示着人的无能与胆怯。这个恶魔，从古到今，都是人类最可怕的敌人，是人类文明事业的破坏者。

卫斯里为了领略山间的野趣，一个人来到一片陌生的山林，左转右转，迷失了方向。正当他一筹莫展的时候，迎面走来了一个挑山货的美丽少女。

少女嫣然一笑，问道："先生是从景点那边迷失方向的吧？请跟我来吧，我带你抄小路往山下赶，那里有旅游公司的汽车在等着你。"

卫斯里跟着少女穿越丛林，阳光在林间映出千万道漂亮的光柱，晶莹的水汽在光柱里飘飘忽忽。正当他陶醉于这美妙的景致时，少女开口说话了："先生，前面一点就是我们这儿的鬼谷，是这片山林中最危险的路段，一不小心就会摔进万丈深渊。我们这儿的规矩是路过此地，一定要挑点或者扛点什么东西。"

卫斯里惊问："这么危险的地方，再负重前行，那不是更危险吗？"

少女笑了，解释道："只有你意识到危险了，才会更加集中精力，那样反而会更安全。这儿发生过好几起坠谷事件，都是迷路的游客在毫无压力的情况下一不小心摔下去的。我们每天都挑东西来来去去，却从来没人出事。"

卫斯里冒出一身冷汗，对少女的解释并不相信。他让少女先走，自己去寻找别的路，企图绕过鬼谷。

少女无奈，只好一个人走了。卫斯里在山间来回绕了两圈，也没有找到下山的路。

眼看天色将晚，卫斯里还在犹豫不决。夜里的山间极不安全，在山里过夜，他恐惧；过鬼谷下山，他也恐惧；况且，此时只有他一个人。

后来，山间又走来一个挑山货的少女。极度恐惧的卫斯里拦住少女，让她帮自己拿主意。少女沉默着将两根沉沉的木条递到卫斯里的手上。卫斯里胆战心惊地跟在少女身后，小心翼翼地走过了这段"鬼谷"。

过了一段时间，卫斯里故意挑着东西又走了一次"鬼谷"。这时，他才发现"鬼谷"没有想象中那么"深"，最"深"的是自己心中的"恐惧"。

恐惧是人生命情感中难解的症结之一。面对自然界和人类社会，生命的进程从来都不是一帆风顺、平安无事的，总会遭到各种各样、意想不到的挫折、失败和痛苦。当一个人预料将会有某种不良后果产生或受到威胁时，就会产生这种不愉快情绪，并为此紧张不安，程度从轻微的忧虑一直到惊慌失措。现实生活中每个人都可能经历某种困难或危险的处境，从而体验不同程度的焦虑。恐惧作为一种生命情感的痛苦体验，是一种心理折磨。人们往往并不为已经到来的，或正在经历的事而惧怕，而是对结果的预感产生恐慌，人们生怕无助、生怕排斥、生怕孤独、生怕伤害、生怕死亡的突然降临；同时人们也生怕丢官、生怕失业、生怕失恋、生怕失亲、生怕声誉的瞬息失落。

马克·富莱顿说："人的内心隐藏任何一点恐惧，都会使他受魔鬼的利用。"美国著名作家、诺贝尔文学奖获得者福克纳说："世界上最懦弱的事情就是害怕，应该忘了恐惧感，而把全部身心放在属于人类情感的真理上。"爱因斯坦说："人只有献身社会，才能找出那实际上是短暂而有风险的生命的意义。"

循着哲人们的脚步，聆听他们智慧的声音，我们还有什么可以恐惧的理由？

心灵感悟

恐惧产生的结果多是自我伤害，它不仅让你丧失自信心或战斗力，还能使人被根本不存在的危险伤害。与恐惧相反，勇气和镇定能使人变得强大，能减少或避免伤害。所以，在面对危险的时候，一定要临危不乱，牢记勇者无惧的箴言，这样你才能从容面对生活并且走向成功。

化解怒气

动辄发怒是放纵和缺乏教养的表现，而且一旦"愤怒"与"愚蠢"携手并进，"后悔"就会接踵而来。所以，血气沸腾之际，理智不太清醒，言行容易过分，于人于己都不利。

有一位经理，一大早起床，发现上班快要迟到了，便急急忙忙地开着车往公司赶。

一路上，为了赶时间，这位经理连闯了几个红灯，最终在一个路口被警察拦了下来，给他开了罚单。

这样一来，上班迟到已是必然。到了办公室之后，这位经理犹如吃了火药一般，看到桌上放着几封昨天下班前便已交代秘书寄出的信件，更是气不打一处来，把秘书叫了进来，劈头就是一阵痛骂。

秘书被骂得莫名其妙，拿着未寄出的信件，走到总机小姐的座位，同样是一阵狠批。秘书责怪总机小姐，昨天没有提醒她寄信。

总机小姐被骂得心情恶劣至极，便找来公司内职位最低的清洁工，借题发挥，对清洁工的工作，没头没脑地也是一连串声色俱厉的指责。

清洁工底下，没有人可以再骂下去，她只得憋着一肚子闷气。

下班回到家，清洁工见到读小学的儿子趴在地上看电视，衣服、书包、零食，丢得满地都是，刚好逮住机会，把儿子好好地教训了一顿。

儿子电视也看不成了，愤愤地回到自己的卧房，见到家里那只大懒猫正盘踞在房门口，一时怒由心中起，狠狠地踢了一脚，把猫儿给踢得远远的。

无故遭殃的猫儿，心中百思不解："我这又是招谁惹谁了？"

情绪是可以传染的，尤其是坏情绪、怒气。按照上面这则事例中怒气蔓延的逻辑，再传递下去，最终会将全世界闹个鸡犬不宁。此话虽略显夸张，但不无道理。其实，他们中的任何一个人只要心平气和地面对别人的怒气，然后合理地处理好自己的情绪，怒气就不会传播得这么广，就不会有那么多的人受怒气影响而情绪变坏。

心灵感悟

脾气暴躁，经常发火，不仅强化诱发心脏病的致病因素，而且会增加患其他病的可能性，它是一种典型的慢性自杀。因此为了确保自己的身心健康，以及保证人际关系的和谐安宁，必须学会控制自己，克服易怒的毛病。

一巴掌毁了孩子一生

培根说："冲动，就像地雷，碰到任何东西都一同毁灭。"如果你不注意培养自己冷静理智、心平气和的性情，培养交往中必需的沉着，一旦碰到"导火线"就暴跳如雷，情绪失控，就会把你最好的人生全都炸掉，最后只会让自己陷入自戕的囹圄。

南南的爸爸妈妈大吵了一架，起因是妈妈放在自己外套里的300元钱不见了，妈妈认定是爸爸拿的，但爸爸却不承认。下班后，爸爸直接去保姆家接南南，保姆一边帮南南穿衣服，一边说："昨天我给南南洗衣服，从她口袋里找出300元钱，都被我洗湿了，晾在……"没等保姆把话说完，爸爸立刻就把南南拽了过去，狠狠打了她两个耳光，南南的嘴角立刻流血了。"你竟敢偷钱！害得我和你妈妈大吵了一架，这样坏的孩子不要算了！"他丢下南南掉头就走了。南南根本不知道发生了什么事，只觉得脸很痛就哭了起来。保姆对南南妈妈说："你家先生也太急躁了，不等我把话说完就打孩子，这么小的孩子哪知道偷钱啊！100元钱对她来说就是张花纸。一定是她拿着玩时顺手放到口袋里的。"南南被妈妈抱回家，却总是不停哭闹，妈妈只好带她去医院做检查。

检查结果让夫妻俩完全呆住了：孩子的左耳完全失去听力，右耳只有一点听力，将来得带助听器生活。由于失去听力，孩子的平衡感会很差，同时她的语言表达也将受到严重影响。

南南爸爸简直痛不欲生，他一时冲动打出的两个巴掌竟然毁了女儿的一生，他永远也无法原谅自己，并将终生背负着对女儿的亏欠。

愚蠢的行为大多是在手脚转动得比大脑还快的时候产生的。每个父亲都是爱自己的孩子的，南南的爸爸也一定为女儿设想过前途，想过女儿美好的未来，但冲动却使他亲手毁了这一切。

在遇到与自己的主观意向发生冲突的事情时，若能冷静地想一想，不仓促行事，也就不会有冲动，更不会在事后后悔莫及了。

大多数成功者，都是对情绪能够收放自如的人。这时，情绪已经不仅仅是一种感情的表达，更是一种重要的生存智慧。如果控制不住自己的情绪，随心所欲，就可能带来毁灭性的灾难。情绪控制得好，则可以帮你化险为夷。

所以，你要学会控制自己的冲动，学会审时度势，千万不能放纵自己。每个人都有冲动的时候，尽管它是一种很难控制的情绪。但不管怎样，你一定要牢牢控制住它。否则，一点细小的疏忽，就可能贻害无穷。

心灵感悟

平时可以通过修身养性来调节自己的情绪，或是加强思想修养；或是提高文化层次，以一颗爱心去对待别人，增加自己的心理相容性；或者去学钓鱼，等等，目的都是给你一个舒适的心境，宽松怡人，忘掉烦恼，摆脱急躁。

候选人的脾气

良好地控制自我就是不要凡事都情绪化，任由情绪发展，而是要适度控制。

新的一届竞选又开始了，一位准备参加参议员竞选的候选人向自己的参谋讨教如何获得多数人的选票。

其中一个参谋说："我可以教你些方法。但是我们要先定一个规则，如果你违反我教给你的方法，要罚款10元。"

候选人说："行，没问题。"

"那我们从现在就开始。"

"行，就现在开始。"

"我教你的第一个方法是：无论人家说你什么坏话，你都得忍受。无论人家怎么损你、骂你、指责你、批评你，你都不许发怒。"

"这个容易，人家批评我、说我坏话，正好给我敲个警钟，我不会记在心上。"候选人轻松地答应。

"你能这么认为最好。我希望你能记住这个戒条，要知道，这是我教给你的规则当中最重要的一条。不过，像你这种愚蠢的人，不知道什么候才能记住。"

"什么！你居然说我……"候选人气急败坏地说。

"拿来，10块钱！"

虽然脸上的愤怒还没退去，但是候选人明白，自己确实是违反规则了。他无奈地把钱递给参谋，说："好吧，这次是我错了，你继续说其他的方法。"

"这条规则最重要，其余的规则也差不多。"

"你这个骗子……"

"对不起，又是10块钱。"参谋摊手道。

"你赚这20块钱也太简单了。"

"就是啊，你赶快拿出来，你自己答应的，你如果不给我，我就让你臭名远扬。"

"你真是只狡猾的狐狸。"

"又10块钱，对不起，拿来。"

"呀，又是一次，好了，我以后不再发脾气了！"

"算了吧，我并不是真要你的钱，你出身那么贫寒，父亲也因不还人家钱而声誉不佳！"

"你这个讨厌的恶棍，怎么可以侮辱我家人！"

"看到了吧，又是10块钱，这回可不让你抵赖了。"

看到候选人垂头丧气的样子，参谋说："现在你总该知道了吧，克制自己的愤怒，控制情绪并不容易，你要随时留心，时时在意。10块钱倒是小事，要是你每发一次脾气就丢掉一张选票，那损失可就大了。"

控制自己的冲动是件非常不容易的事情，因为我们每个人的心中都存在着理智与感情的斗争。为情所动时，不要有所行动，否则你会将事情搞得一团糟。人在不能自制时，会举止失常；激情总会使人丧失理智。此时应去咨询不为此情所动的第三方，因为当局者迷，旁观者清。当谨慎之人察觉到情绪冲动时，会即刻控制并使其消退，避免因热血沸腾而鲁莽行事。短暂的爆发会使人不能自拔，甚至名誉扫地，更糟糕的则可能丢掉性命。

心灵感悟

一个成功的人必定是有良好控制能力的人，控制自我不是说不发泄情绪，也不是不发脾气，过度压抑只会适得其反。良好的控制自我就是不要凡事都情绪化，任由情绪发展，而是要适度控制，这是一种能力的体现。

击好下一个球

有人问世界网球冠军海伦·威尔斯·穆迪："你的上一场温布尔登公开赛打得很艰难，与对手只有一分之差，你当时的感觉怎么样？你在想什么？"

"我在想什么？"她有点儿惊异，微笑着回答道，"我只有时间去想如何打好下一个球，击败对手！"

无疑，她又登上了英国网球的冠军宝座。在紧张的时刻保持冷静，发挥自己所有的潜能和技术，这才能造就冠军。

这是一个镇静取胜的很好例子。只有在别人激动或者用一张严肃的脸掩饰内心的不安，而你却保持冷静，积极调动自己的每一根神经时，你才能够取得胜利。

如果她失去了自控，她就会输掉比赛；如果她想象着比赛结束，自己取得胜利的场景；如果她在击球的过程中有一秒钟的走神，她都会以失败而告终。

有些人可能因为过于自信而输掉比赛，有些人可能因为过于恐惧而满盘皆输。赢得比赛和赢得人生的唯一办法就是认真地击好下一个球，做好每一件事。

如果我们能打好下一个球，不是随后的球，也不是最后一个球，只是下一个球而已，我们就能赢得比赛，否则，我们就会输掉。

生活的秘诀在于控制自己的情绪，只有这样才是无法战胜的。如果没有这种能力，如果我们不能把自己的精力集中起来，我们就会输掉比赛，甚至在比赛之前就已经输了。

不管目前的情况有多糟，调整好情绪，保持冷静的头脑，认真地击下一个球，这样整个比赛都会改观，即使失败也会在转瞬之间变成胜利。

心 灵 感 悟

冷静是智慧美丽的珍宝，它来自长期耐心的自我控制；冷静是一种成熟的经历，来自于对事物规律不同寻常的了解。一个冷静的人不会在任何事情面前大惊小怪，即使在大风大浪中也会如岩石般屹立于海岸，岿然不动。保持冷静，就会拥有处变不惊、泰然自若的人生。

攀比使人生的天平倾斜

我们已经习惯在比较的差距上感受人生的意义，体会幸福与悲伤。但是，攀比的结果是使人生的天平倾斜。

在朋友聚会中，"在哪里发财"、"一月能赚多少钱"、"房子有多大"成了人们拉家常的主要内容。然而，这些原本很普通的问话，对于一些人来说却可能是被点到"痛处"了，甚至由此引发了他们的心理疾病。

小陈和小丽刚刚结婚，两个人如胶似漆，好得不得了。然而，最近一段时间，小丽却表现得郁郁寡欢。而且每当小陈下班去小丽单位接她时，她不再像以前那样高高兴兴地坐上车，搂着小陈的脖子问他想不想她。现在，小陈发现，下班后小丽总是要等其他同事差不多都走完了才不紧不慢地出来。小陈为此忍不住数落了小丽几句，没想到小丽委屈地说："你以后不要把奥拓车开到公司门口来了，那边有个巷子，你就停那儿，我保证一下班就过来！"小丽还说，"最近在公司里自己老公开什么车成了办公室的热门话题，王姐平时在办公室不显山不露水，这段时间可找到感觉了，打'嘴仗'谁都打不过她。没办法，她老公开的是宝马，车牌号又带几个8，在公司门口一摆，就让人羡慕得不得了！像帕萨特、本田也风光得很，还有波罗车又乖又洋气，普桑也还勉强看得过去，就怕你这样开小奥拓的，让我在同事中间一点面子都没有。"

小丽羡慕别人的车子有多么漂亮，就在老公面前抱怨，这样又有什么好处呢？人不可能每样都比别人强，所谓"人外有人，天外有天"，羡慕别人等于在一定程度上贬低自己，为什么不默默赶上？再怎么羡慕，自己的奥拓也变不成别人的宝马呀！

综合起来，攀比者的表现不外乎以下几种：做事情三心二意、朝三暮四、浅尝辄止；或是东一榔头西一棒槌，既要鱼也要熊掌；或是这山望着那山高，静不下心来，耐不住寂寞，稍不如意就轻易放弃，从来不肯为一件事倾尽全力。

其实，立志成就伟业的人应拒绝攀比，拒绝急于求成。让攀比的心多一些个性，给燥热的心多一点清凉，使急于求成的心多一些冷静、成就大事的决心和旷日持久的恒心。

心灵感悟

盲目攀比的人总是轻易地修改自己的目标，对任何事都难以有恒久之心。当你看到别人事业有成时，如果能从中看到努力的方向，脚踏实地好好工作，也许下一个事业有成的人就是你自己了。

急于求成的恶果

有一个小朋友，他很喜欢研究生物学，很想知道那些蝴蝶如何从蛹壳里出来，然后翩翩飞舞。

有一次，他走到草原上面看见一个蛹，便取了回家，然后天天守着它。过了几天以后，这个蛹出现了一条裂痕，他看见里面的蝴蝶开始挣扎，想抓破蛹壳飞出来。

这个过程达数小时之久，蝴蝶在蛹里面很辛苦地拼命挣扎，怎么也没法子走出来。这个小孩看着看着不忍心，就想不如让我帮帮它吧，便随手拿起剪刀把蛹剪开，使蝴蝶破蛹而出。

但蝴蝶出来以后，因为翅膀不够有力，身体变得很臃肿，飞不起来。

那只蝴蝶以后再也飞不起来，只能在地上爬，因为它还没有经过自己奋斗，将蛹打开然后飞出来这个过程。

从这个故事中，我们能得到什么样的启示？

那只蝴蝶在蛹里要破壳飞出来的时候，在最后的几小时中，要很辛苦地挣扎，而挣扎过程实际上是锻炼它那一对翅膀的过程，亦是看它身体是否能够缩小的过程。如果它通过努力，最后能将这个蛹打开裂口，飞出来的时候，它便可以轻松自如。但是这个小孩帮了它，用剪刀剪开蛹壳，蝴蝶轻而易举地出来了，可是它的翅膀没有经过在撕破蛹的过程中的奋斗，是没有力气的。所以这个小孩想帮蝴蝶的忙，结果反害了蝴蝶，正所谓欲速则不达。

由此不难看出，急于求成只会导致最终的失败，所以我们不妨放远眼光，注重自身知识的积累，厚积薄发，自然会水到渠成，达到自己的目标。

蛹化蝶的例子，表面上是一个生物界里很简单的事实，但是放大至我们的人生，我们的社会，我们今时今日所做的事业，同样也都必须有一个痛苦的挣扎、奋斗的过程，这个过程本身就是将你锻炼得坚强，使你成长、使你有力的过程。

对于"一万年太久，只争朝夕"的人来说，最容易犯的毛病就是"欲速则不达"。放眼整个社会，大多数人都知道这个道理，而最终背道而行的仍是大多数人。

造成这种速成心理主要有两方面的原因：一是人们过于追求眼前利益，二是许多人过分享受，而不是磨炼自我。

平时我们看到一些人急于求成的时候，总是以这句话来相告。但叫一个人去接受这句话的时候，却并不是一件容易的事情，很多的人只把你所说的当作耳边风，行事依然是我行我"速"，最后自然只会导致失败。事实上，很多历史上的名人也用过求速成的方法，但在追求过程中，又转向了下苦功。例如，宋朝的朱夫子是个绝顶聪明之人，他十五六岁就开始研究禅学。而到了中年之时，才感觉到，速成不是求学良方。于是他坚信"欲速则不达"这句话，之后下苦功，方获得了一定的成就。他有一句 16 字真言："宁详毋略，宁近毋远，宁下毋高，宁拙毋巧。"

为什么当今的人却无法做到这一点呢？因为当前更多人信奉的是："随主流而不求本质。"在追求的过程中丧失了自己的目的性，不追求人生最根本的目的，转而追求一些形式上的成功，正如一句话中所说的，瞬间的成就可以使人获得短暂的名利，但如果谈起永恒，无非只是皮毛之举。我们要成就一番事业，就必须静下心来，脚踏实地，摆脱速成心理的牵制，看清人生最根本的目的，一步一个脚印地走下去。

心灵感悟

"涓流积至沧溟水，拳石崇成泰华岑。"这一出自宋代陆九渊《鹅湖教授兄韵》的诗句劝喻人们：涓涓细流汇聚起来，就能形成苍茫大海；拳头大的石头垒砌起来，就能形成泰山和华山那样的巍巍高山。只要我们勤勉努力，脚踏实地，持之以恒，不论自身条件与客观条件如何，都能走上成才建业之路。

适时地认识自己

一个圆滚滚的鸟蛋，不知为什么，忽然从灌木丛上的鸟窝里骨碌碌地滚了出来，跌在灌木丛下厚厚的落叶上。奇怪的是它居然没有跌破，一切完好如初。

鸟蛋得意了，对着鸟窝大声笑着说："哈哈，我是一只跌不破的鸟蛋！你们谁有我这样的本事，就跳下来比试比试看！"

窝里的鸟蛋们听了，一个个探出头来看了一眼，吓得忙缩进头说："我们害怕，不敢跳呀。我们谁也没有对你刚才的行为不服气，还要比试什么呢？"

"哼！我早就料到你们没有这个胆量！"地上的鸟蛋神气地向窝里的鸟蛋们大声嘲笑起来。

这只鸟蛋在地上滚来滚去，一会儿滚到一棵小草边，向小草碰了碰，小草连忙仰起身子往后让；一会儿鸟蛋又滚到一株树苗边，向树苗撞一撞，树苗也仰着身子，给它让路。

鸟蛋更得意了。它认为自己力大无比、天下无敌，更加勇气十足地在山坡上滚过来，滚过去。

窝里的鸟蛋们劝告说："小哥，刚才你只是碰到一个偶然的机会，才没有跌破的，不要就此认为自己是个铁蛋蛋了。你仍然是一只容易破碎的鸟蛋呀！这点自知之明，你总该有吧？"

"铁蛋蛋有什么了不起？"鸟蛋仍然挺着肚皮，神气地说，"你们刚才没看到小草和树苗吗？它们对我都要让几分，不敢跟我碰撞，难道这山坡上还有什么我不能去碰撞的吗？哈哈！"

鸟蛋一阵大笑，蹦跳翻滚，想到山坡下的路边去显显威风，谁知被山坡上一块小石头挡住了去路。

鸟蛋气愤地望了小石头一眼，厉声喝道："你是什么东西？居然敢挡我鸟蛋蛋的去路？想找死么？"

小石头昂着头说："嘿，今天的太阳是从西边出来的么？一个鸟蛋对我也如此神气起来？告诉你吧，我是一块阻挡山坡上泥沙往下滑的小石头，这里是我的岗位，我站在这里是绝不会后退一步的，你看看怎么办吧？"

鸟蛋更气愤了，仰着头对小石头说："你知道我的脾气吗？我是一个勇气十足的鸟蛋，在这山坡上是颇有名气的。小草和树苗都已经领教过我的厉害，别人怕你小石头，我可不怕。到时候，你别说我不客气啊！"

小石头也生起气来，大声说："你想对我干什么？还想打架么？别不知天高地厚了，快滚回去吧！"

鸟蛋为了显示它的勇气，不听小石头的警告，鼓足劲，猛地一滚，向小石头冲去。只听"啪"的一声，鸟蛋碰得粉碎，流出一摊蛋汁。

邻居山雀大婶从这里飞过，看到这情景，伤心地说："唉，这孩子也太任性了，竟然硬要与石头过不去。要知道，没有自知之明的人，越是无所畏惧，那后果就越不妙啊！"

在一个人的成长、发展过程中，对自己充满自信是可取的；但过分的自信则成为自负，这是非常不利的。小鸟蛋在一次又一次"畅通无阻"之后，过分沉浸于自己取得的成就，沾沾自喜，不能自拔，于是盲目自大，更加猖狂。它从来都没有看清自己的处境和地位，以至于敢与强大自己百倍的石头碰撞，所以它的结局就只能是自取灭亡。

这种结局当然是咎由自取，希望它的下场能够给每一个人敲响警钟——适时地认清自己。

心灵感悟

一个人不管自己有多丰富的知识，取得多大的成绩，甚或有了何等显赫的地位，都要谦虚谨慎，不能自视过高。应心胸宽广，博采众长，不断地再进取，增强自己的本领，以获取新的业绩。

打破心灵的瓶颈

　　在生活中，我们必须比别人更相信自己并且珍爱自己，这样才能发挥出我们最大的力量。不要老把眼光盯着别人，也不要太苛求自己，使自己的心灵背上沉重的枷锁。只有当一个人心胸开阔时，他才会健康快乐地成长。

拥有自我评判的标准

不要让众人的意见淹没了你的才能和个性。一味地听从别人的意见，你就会迷失自我。你只需听从自己内心的声音，做好自己就足够了。

一位小有名气的年轻画家画完一幅杰作后，拿到展厅去展出。为了能听取更多的意见，他特意在他的画作旁放上一支笔。这样一来，每一位观赏者，如果认为此画有败笔之处，都可以直接用笔在上面圈点。

当天晚上，年轻画家兴冲冲地去取画，却发现整个画面都被涂满了记号，没有一笔一画不被指责的。他十分懊丧，对这次的尝试深感失望。

他把他的遭遇告诉了另外一位朋友，朋友告诉他不妨换一种方式试试。于是，他临摹了同样一张画拿去展出。但是这一次，他要求每位观赏者将其最为欣赏的妙笔之处标上记号。

等到他再取回画时，结果发现画面也被涂遍了记号。一切曾被指责的地方，如今却都换上了赞美的标记。

"哦！"他不无感慨地说，"现在我终于发现了一个奥秘：无论做什么事情，不可能让所有的人都满意。因为，在一些人看来是丑恶的东西，在另一些人眼里或许是美好的。"

心灵感悟

不同的人在面对同一件事物时，往往会发出不同的感慨，持有相异的观点。有时同一个人关于同一事件的观点，也会因时间的推移而变化，如果我们想用追随他人的喜好的方法来讨好他们的话，那是一件多么辛苦的事情啊。因为我们不可能让所有人都喜欢，人生来就有差异，喜好、兴趣、性格等也由此不同，唯有以"不变应万变"才是最佳的生存方法。

切莫丧失自我

从前,在夏威夷有一对双胞胎王子。有一天,国王想为大儿子娶媳妇了,便问他喜欢怎样的女性。

大王子回答:"我喜欢瘦的女孩子。"

知道了这消息的岛上年轻女性想:"如果顺利的话,或许能攀上枝头作凤凰。"于是,大家争先恐后地开始减肥。

不知不觉,岛上几乎没有胖的女性了。不仅如此,因为女孩子一碰面就竞相比较谁更苗条,所以甚至出现了因为营养不良而得重病的情况。

但后来却出现了意外的情况,大王子因为生病一下子就过世了,于是,国王决定由其弟弟来继承王位。

于是,国王又想为小王子娶媳妇,便问他同样的问题。"现在女孩都太瘦弱了,而我比较喜欢丰满的女性。"小王子说。

知道消息的岛上年轻女性,开始竞相大吃特吃。于是,岛上几乎没有瘦的女性了,岛上的食物也被吃得匮乏,甚至连为预防饥荒的粮食也几乎被吃光了。

最后,王子所选的新娘却是一位不胖不瘦的女性。

王子的理由是:"不胖也不瘦的女性,更显青春和健康。"

可见,没有自我的生活是苦不堪言的,没有自我的人生是索然无味的,丧失自我是悲哀的。

要想拥有美好的生活,人必须自强自立,拥有良好的生存能力。没有生存能力又缺乏自信的人,肯定没有自我。一个人若失去自我,就没有做人的尊严,就不能获得别人的尊重。

活着应该是为充实自己,而不是为了迎合别人。

没有自我的人，总是考虑别人的看法，这是在为别人而活着，所以活得很累。有些人觉得：老实巴交吧，会吃亏，被人轻视；表现出格吧，又引来责怪，遭受压制；甘愿瞎混吧，实在活得没劲；有所追求吧，每走一步都要加倍小心。家庭之间、同事之间、上下级之间、新老之间、男女之间……天晓得怎么会生出那么多是是非非。你和新来的女同事有所接近，有人就会怀疑你居心不良；你到某领导办公室去了一趟，就会引起这样或那样的议论；你说话直言不讳，人家必然感觉你骄傲自满，目中无人；如果你工作第一，不管其他，人家就会说你不是死心眼太傻，就是有权欲野心……凡此种种飞短流长的议论和窃窃私语，可以说是无处不生，无孔不入。如果你的听觉视觉尚未失灵，再有意无意地卷入某种漩涡，那你的大脑很快就会塞满乱七八糟的东西，弄得你头昏眼花，心乱如麻，岂能不累呢？

我们无法改变别人的看法，能改变的仅是我们自己。想要讨好每个人是愚蠢的，也是没有必要的。与其把精力花在一味地去献媚别人，无时无刻地去顺从别人，还不如把主要精力放在踏踏实实做人，兢兢业业做事，刻苦学习上。改变别人的看法总是艰难的，改变自己却是容易的。

心 灵 感 悟

有时自己改变了，也能恰当地改变别人的看法。太在乎别人随意的评价，自己不努力自强，人生就会苦海无边。别人公正的看法，应当作为我们的参考，以利修身养性；别人不公正的看法，不要把它放在心上，以免影响我们的心情。如此一来，我们就不会为别人的看法耿耿于怀，就能够按照自己的意愿去生活了。

挣脱心灵的缰绳

一个小孩在看完马戏团精彩的表演后，随着父亲到帐篷外拿干草喂养表演完的动物。

小孩注意到一旁的大象群，问父亲："爸，大象那么有力气，为什么它们的脚上只系着一条小小的铁链，难道它无法挣开那条铁链逃脱吗?"

父亲笑了笑，耐心为孩子解释："没错，大象是挣不开那条细细的铁链。在大象还小的时候，驯兽师就是用同样的铁链来系住小象，那时候的小象，力气还不够大，小象起初也想挣开铁链的束缚，可是试过几次之后，知道自己的力气不足以挣开铁链，也就放弃了挣脱的念头。等小象长成大象后，它就甘心受那条铁链的限制，而不再想逃脱了。"

在大象成长的过程中，人类聪明地利用一条铁链限制了它，虽然那样的铁链根本系不住有力的大象。在我们成长的环境中，是否也有许多肉眼看不见的铁链在系住我们？而我们也就自然将这些链条当成习惯，视为理所当然。于是，我们独特的创意被自己抹杀，认为自己无法成功致富。我们告诉自己，难以成为配偶心目中理想的另一半，无法成为孩子心目中理想的父母，不是父母心目中理想的孩子。然后，我们开始向环境低头，甚至开始认命、怨天尤人。

然而，这一切都是我们心中那条系住自我的铁链在作祟，除了这些人生习以为常的方式之外，你还有一种不同的选择。你可以当机立断，运用我们内在的能力，当下立即挣开消极习惯的捆绑，改变自己所处的环境，投入另一个崭新的积极领域中，使自己的潜能得以发挥。

请挣脱束缚你心灵的缰绳，让你生命的能量得到释放。

心 灵 感 悟

人在生活中不知不觉就会被各种各样的锁链困住，正是这些锁链使我们丧失了当初的热情、干劲与梦想。所以，我们要悉心审视缠绕于身的锁链，让自己从中解放出来，去创造新的生活。

挣脱"自我设限"

科学家做过一个实验：把跳蚤放在桌子上，然后一拍桌子，跳蚤条件反射地跳起很高。然后，科学家在跳蚤的上方放一块玻璃罩，再拍桌子，跳蚤再跳就撞到了玻璃，跳蚤发现有障碍，就开始调整自己的高度。然后科学家再把玻璃罩往下压，然后拍桌子。跳蚤再跳上去，再撞上去，再调整高度。就这样，科学家不断地调整玻璃罩的高度，跳蚤就不断地撞上去，不断地调整高度。直到玻璃罩与桌子高度几乎相平，这时，科学家把玻璃罩拿开，再拍桌子，跳蚤已经不会跳了，变成了"爬蚤"。

跳蚤之所以变成"爬蚤"，并非它已丧失了跳跃能力，而是由于一次次受挫学乖了。它为自己设了一个限，认为自己永远也跳不出去。尽管后来玻璃罩已经不存在了，但玻璃罩已经"罩"在它的潜意识里，罩在它的心上，变得根深蒂固。行动的欲望和潜能被固定的心态扼杀了，它认为自己永远丧失了跳跃的能力。这也就是我们所说的"自我设限"。

你是否也有类似的遭遇？生活中，一次次的受挫、碰壁后，奋发的热情、欲望就被"自我设限"压制、扼杀。你开始对失败惶恐不安，却又习以为常，丧失了信心和勇气，渐渐养成了懦弱、犹豫、害怕承担责任、不思进取、不敢拼搏的习惯，而成为你内心的一种限制。

一旦有了这样的习惯，你将畏首畏尾，不敢尝试和创新，随波逐流，与生俱来的成功火种也随之过早地熄灭了。唯有你自己才能挣脱自我设限，没有任何人可以帮助你。

要挣脱自我设限，关键在自己。西方有句谚语说得好："上帝只拯救能够自救的人。"成功属于愿意成功的人。如果你不想去突破，挣脱固有想法对你的限制，那么，没有任何人可以帮助你。不论你过去怎样，只要你调整心态，明确目标，乐观积极地去行动，你就能够扭转劣势，更好地成长。

　　一个人一旦能对其潜能加以有效地运用，他的生命便永远不会陷于贫困卑微的境地。

　　要想把你的潜能完全激发出来，首先你必须不再自我设限，才可能一往无前地继续下去，直至把你的能量毫无保留地释放出来。

走出模仿的壁垒

　　美国作曲家柏林与格希文第一次会面时，已声誉卓著，而格希文却只是个默默无名的年轻作曲家。柏林很欣赏格希文的才华，并且以格希文所能赚的 3 倍薪水请他做音乐秘书，同时劝告格希文："不要接受这份工作，如果你接受了，最多只能成为欧文·柏林第二。要是你能坚持下去，有一天，你会成为第一流的格希文。"

　　美国乡村乐歌手吉瑞·奥特利未成名前一直想改掉自己的得克萨斯州口音，打扮得也像个城市人，他还对外宣称自己是纽约人，结果只招致别人背后的讪笑。后来他开始重拾三弦琴，演唱乡村歌曲，才奠定了他在影片及广播中最受欢迎的牛仔地位。

　　既然所有的艺术都是一种自我的体现，那么，我们只能唱自己、画自己、做自己，不管好坏；我们只要好好经营自己的小花园，也不论好坏；我们也只要在生命的管弦乐中演奏好自己的一份乐器。

　　爱默生在他的短文《自我信赖》中说过：

　　一个人总有一天会明白，嫉妒是无用的，而模仿他人无异于自杀。因为不论好坏，人只有自己才能帮助自己，只有耕种自己的田地，才能收获自家的玉米，上天赋予你的能力是独一无二的，只有当你自己努力尝试和运用时，才知道这份能力到底是什么。我们最大的局限在于我们的短视，而我们的短视在于无法发现自己的优点。威廉·詹姆斯这样认为："跟我们应该做到的相比较,我们等于只做了一半。我们对于身心两方面的能力,只用了很小一部分,一般人大约只发展了 10% 的潜在能力。一个人等于只活在他体内有限空间中的一部分。他具有各种能力,却不知道怎样利用。"

那么,一般人是怎样做的呢?他习惯用与别人对比来发现自己的优缺点,这固然是一种好方法,但往往受主观意识影响太大。他会很快发现,自己在某方面与别人差距甚大,因此他会非常羡慕那个人。羡慕会导致无知的模仿,导致无谓的妒忌,或者受到激励般地向更高境界攀升,但最后一种情况毕竟所占比例甚小,而前面两种情况都容易导致自信心的丧失以及由此引发的忧郁。

如果我们一味地模仿他人,只会失掉我们身上原本独具的特色。古时有邯郸学步的故事,也有东施效颦的典故,但最后都是以失败为结局。

其实,我们自身就有无穷的宝藏,何不快乐地保持自己的本色呢?所有的美丽均来自于我们身上的特有气质,而非效仿的味道。试想,如果天下的男女都是一样的气质,毫无特点,那么整个世界就会变得黯淡无光。

心灵感悟

每个人的能力都是有限的,就像人类有其体能的极限一样。如果想把别人的优点都集于一身,那是最荒谬、最愚蠢的想法。我们没有必要去模仿别人,只要能够做好我们自己,便是对自己尽到了最大的责任。

没有遗憾的过去无法链接人生

古时候,有户人家有两个儿子。当两兄弟都成年以后,他们的父亲把他们叫到面前说:在群山深处有绝世美玉,你们都成年了,应该做探险家,去寻求那绝世之宝,找不到就不要回来了。

两兄弟次日就离家出发去了山中。

大哥是一个注重实际,不好高骛远的人。有时候,即使发现的是一块有残缺的玉，或者是一块成色一般的玉，甚至那些奇异的石头，他都统统装进行囊。过了几年，到了他和弟弟约定的会合回家的时间，此时他的行囊已经满满的了，尽管没有父亲所说的绝世完美之玉，但造型各异、成色不等的众多玉石，在他看来也可以令父亲满意了。

后来弟弟来了，但两手空空，一无所得。弟弟说，你这些东西都不过是一般的珍宝，不是父亲要我们找的绝世珍品，拿回去父亲也不会满意的。

弟弟说，我不回去，父亲说过，找不到绝世珍宝就不能回家，我要继续去更远更险的山中探寻，我一定要找到绝世美玉。

哥哥带着他的那些东西回到了家中。父亲说，你可以开一个玉石馆或一个奇石馆，那些玉石稍一加工，都是稀世之品，那些奇石也是一笔巨大的财富。

短短几年，哥哥的玉石馆已经享誉八方，他寻找的玉石中，有一块经过加工成为不可多得的美玉，被国王御用作了传国玉玺，哥哥因此也成了倾城之富。

在哥哥回来的时候，父亲听了他介绍弟弟探宝的经历后说："你弟弟不会回来了，他是一个不合格的探险家。他如果幸运，能中途醒悟，明白至美是不存在的这个道理，是他的福气。如果他不能早悟，便只能以付出一生为代价了。"

很多年以后，父亲的生命已经奄奄一息。哥哥对父亲说要派人去寻找弟弟。

父亲说，不要去找了，如果经过了这么长的时间和挫折他都不能顿悟，这样的人即便回来又能做成什么事情呢？世间没有纯美的玉，没有完善的人，没有绝对的事物，为追求这种东西而耗费生命的人，何其愚蠢啊！

世界并不完美，人生当有不足。没有遗憾的过去无法链接人生。对于每个人来讲，不完美是客观存在的，无需怨天尤人。

完美主义者表面上很自负，内心深处其实很自卑，因为他很少看到优点，总是关注缺点。如果总是不知足，很少肯定自己，自己就很少有机会获得信心，当然会自卑了。不知足就不快乐，痛苦就常常跟随着他，周围的人也会不快乐。学会欣赏别人和欣赏自己是很重要的，这是使人更进一步实现下一个目标的基石。

心 灵 感 悟

　　智者再优秀也有缺点，愚者再愚蠢也有优点。生活中对己宽、对人严的做法，必遭别人离弃。对人多做正面评估，不以放大镜去看缺点，避免以完美主义的眼光，去观察每一个人，而应以宽容之心包容其缺点。少些责难之心，多些宽容之心。

只有你自己注意自己

　　罗丝身高不足 1.55 米，体重是 62 公斤。罗丝唯一一次去美容院的时候，美容师说罗丝的脸对她来说是一个难题。然而罗丝并不因那种以貌取人的社会陋习而烦忧不已，她依然十分快乐、自信、坦然。

　　罗丝在一家日报社工作，有许多机会去以前不可能去的地方。她去阿斯科特跑马场报道那儿观众的情况的时候，在那儿遇到了一件事，使她认识到那种试图去顺应世俗，去表现得比别人优越的行为是多么愚蠢。

　　有一个矮小而肥胖的女人，穿戴得整整齐齐：高高的帽子，配着粉红色蝴蝶结的晚礼服，白色的长筒手套，手里还拿着一根尖头手杖。由于她是一个大胖子，当她挂着手杖时，手杖尖突然戳进了地里。手杖戳得太深，一下子拔不出来。她使劲地拔呀拔，眼里含着恼怒的泪水。她最后终于拔了出来，但她却手握着手杖跌倒在地上。

　　罗丝看着这个女人离去。她这一天就算毁了，她在大庭广众之下出了丑。她没有给任何人留下印象，然而在她自己充满悲哀的泪眼里，她是一个失败者。

　　罗丝记得非常清楚，自己也经历过这种情况。那时候，她还没有真正认识到：没有人真正注意你的所作所为。许多年来，她都试图使自己和别人一样，总是担心人们心里会把自己想成什么样的人。现在，罗丝知道他们根本就没有注意过她。

罗丝还记得自己第一次跳舞时的悲伤心情。舞会对女孩子来说，总是一个意味着美妙而光彩夺目的场合，起码那些不值一读的杂志里是这么说的。那时假钻石耳环非常时髦，当时她为准备那个盛大的舞会，练跳舞的时候老是戴着它，以致她疼痛难忍而不得不在耳朵上贴了膏药。也许是由于这膏药，舞会上没有人和罗丝跳舞，然而不管是什么原因，罗丝在那里坐了整整 3 小时 45 分钟。当她回到家里，告诉父母亲，自己玩得非常痛快，跳舞跳得脚都疼了。他们听到罗丝在舞会上的成功都很高兴，欢欢喜喜地去睡觉了。罗丝走进自己的卧室，撕下了贴在耳朵上的膏药，伤心地哭了一整夜。夜里她总是想象着，在 100 个家庭里，孩子们正在告诉他们的家长：没有一个人和罗丝跳舞。

有一天，罗丝独自坐在公园里，心里担忧如果自己的朋友从这儿走过，在他们眼里她一个人坐在这儿是不是有些愚蠢。当她开始读一段法国散文时，读到有一行写到了一个总是忘了现在而幻想未来的女人，她不禁想："我不也像她一样吗？"显然，这个女人把她绝大部分时间花在试图给人留下印象上了，而很少注意到她是在过自己的生活。在那一瞬间，罗丝意识到自己整整 20 年光阴就像是花在一个无意义的赛跑上了，她所做的一点都没有起作用，因为没有人在注意她。

罗丝的经历，在许多人身上都出现过，人渴望被重视的天性一旦步入在乎面子的误区，我们便会轻易地受到面子心理的折磨。一个人一生为别人的评论而活着是很累的，也显得很蠢。

只要懂得享受自己的生活，不受别人的消极影响，不管别人如何评论你，只要你自己觉得高兴、满足，你就是幸福的。

心灵感悟

在人生中，你绝对不可能让所有人都满意，绝对不可能达到至善至美的境界。苛求自己，往往只会成为人生的负担，人绷紧了完美的弦，它却可能发不出音来，反而成为你的障碍。

邻座的黑人先生

闹钟响了，又是一个星期天的早晨。布朗本来可以好好睡一个懒觉，但是有一种强烈的罪恶感驱使他起身去教堂做礼拜。

布朗洗漱完毕，收拾整齐，匆匆忙忙赶往教堂。

礼拜刚刚开始，布朗在一个靠边的位子上悄悄坐下。牧师开始祈祷了，布朗刚要低头闭上眼睛，却看到邻座先生的鞋子轻轻碰了一下他的鞋子，布朗轻轻地叹了一口气。

布朗想：邻座先生那边有足够的空间，为什么我们的鞋子要碰在一起呢？这让他感到不安，但邻座先生似乎一点儿也没有感觉到。

祈祷开始了："我们的父……"牧师刚开了头。布朗忍不住又想：这个人真不自觉，鞋子又脏又旧，鞋帮上还有一个破洞。

牧师在继续祈祷着，"谢谢你的祝福！"邻座先生悄悄地说了一声，"阿门！"布朗尽力集中心思祷告，但思绪忍不住又回到了那双鞋子上。他想：难道我们上教堂时不应该以最好的面貌出现吗？他扫了一眼地板上邻座先生的鞋子想。

祷告结束了，大家唱起了赞美诗，邻座先生很自豪地高声歌唱，还情不自禁地高举双手。布朗想，主在天上肯定能听到他的声音。奉献时，布朗郑重地放进了自己的支票。邻座先生把手伸到口袋里，摸了半天才摸出了几个硬币，"叮嘟嘟"地放进了盘子里。

牧师的祷告词深深地触动着布朗，邻座先生显然也同样被感动了，因为布朗看见泪水从他的脸上流了下来。

礼拜结束后，大家像平常一样欢迎新朋友，以让他们感到温暖。布朗心里有一种要认识邻座先生的冲动，他转过身子握住了邻座先生的手。

邻座的先生是一个上了年纪的黑人，头发很乱，但布朗还是谢谢他来到教堂。邻座的先生激动得热泪盈眶，咧开嘴笑着说："我叫查理，很高兴认识你，我的朋友。"

邻座先生擦擦眼睛继续说道："我来这里已经有几个月了，你是第一个和我打招呼的人。我知道，我看起来与别人格格不入，但我总是尽量以最好的形象出现在这里。星期天一大早我就起来了，先是擦干净鞋子、打上油，然后走了很远的路，等我到这里的时候，鞋子已经又脏又破了。"布朗忍不住一阵心酸，强咽下了眼泪。

邻座先生接着又向布朗道歉说："我坐得离你太近了。当你到这里时，我知道我应该先看你一眼，再问候你一句。但是我想，当我们的鞋子相碰时，也许我们就可以心灵相通了。"

布朗一时觉得再说什么都显得苍白无力，就静了一会儿才说："是的，你的鞋子触动了我的心。在一定程度上，你也让我知道，一个人最重要的是他的内心，不是外表。"

还有一些话布朗没有说出来，这位老黑人是怎么也不会想到的。布朗从心底深深地感激他那双又脏又旧的鞋子，是它们深深触动了自己的灵魂。

外形的美丑不能决定其品性和人格，美丽的体貌里更有美丽的品性的人，才是真美；体貌丑，品性又低，这才是真丑。上帝造人还没有这样的定律，说是体貌美丽的男女，品性也一定是美丽的；也没有说体貌丑陋的男女，品性也一定是丑陋的。

你若是个体貌美丽的人，要记着美丽在某时期中虽会给你幸福，但是绝不能持久，到了生活发生危急的时候，美丽不一定能救你。

倘若你是丑陋的，你也有种种好处：你不致浪费时间，去寻找愚昧者的称赞。我们所需要的是尊重，美丽的人虽很容易得人尊重，但也很容易失掉，而你却实在有得到被人长久尊重的可能。所以你必须发展你对于社会有用的能力。抛救命圈到水里去救人，被救者绝不注意救他的人是美丽的或丑陋的，他只知道救他的人的行为是值得感激的，你就去做那抛救命圈的人罢！

无论长得美或丑，都不能决定人生的美丑。人生之美是靠你美的品行和心灵来缔造的，而不是你的外表。

心(灵)感(悟)

外形的美丑并不能左右人的魅力，许多外形并不诱人的人却充满迷人魅力，这个秘密就在于他们具有精神魅力。如果一个人具备高尚的情操、丰富的知识并乐观开朗，善待他人，这样的人，即使其貌不扬，也照样光彩照人。

莫因害怕"出丑"而禁锢生活

人们都想使自己显得聪明，都怕在众人面前出丑。这似乎是决然对立的两件事，聪明人绝不会出丑，出丑的人必然是笨蛋。然而，实际生活并非如此。最聪明的人有时简直如一个大傻瓜，他们当众出丑却若无其事，他们被人嗤笑却自得其乐。然而，他们就这样走向了成功。

安娜读书时网球打得不好，所以老是害怕打输，不敢与人对垒，至今她的网球技术仍然很蹩脚。安娜有一个同班同学，她的网球比安娜打得还差，但她不怕被人打下场，越是输越打，后来成了令人羡慕的网球手，成了大学网球代表队队员。

聪明是令人羡慕的，出丑总使人感到难堪。但是聪明是经过无数次出丑练就的，不敢出丑，就很难聪明起来。

那些勇敢地去干他们想干的事的人们是值得赞赏的，即使有时在众人面前出了丑，他们还是洒脱地说："哦，这没什么！"就是这么一类人，他们还没学会反手球和正手球，就勇敢地走上网球场；他们还没学会基本舞步，就走下舞池寻找舞伴；他们甚至没有学会屈膝或控制滑板，就站上了滑道。

伊米莉只会说一点点可怜的法语，她却毅然飞往法国去做一次生意旅行。虽然人们曾告诫她：巴黎人对不会讲法语的人是很看不起的，但她坚持在展览馆、在咖啡店、在爱丽舍宫用法语与每个人交谈。她不怕结结巴巴，不怕语塞傻笑、出丑吗？一点也不。因为伊米莉发现，当法国人对她使用的虚拟语气大为震惊之状过去后，许多人都热情地向她伸出手来，为她的"生活之乐"所感染，从她对生活的努力态度中得到极大的乐趣。他们为伊米莉喝彩，为所有有勇气干一切事情而不怕出丑的人欢呼，这类人还包括那些学习对他们来说并不容易的新学问的人。

生活中有些人由于不愿成为初学者，就总是拒绝学习新东西。他们因为害怕"出丑"，宁愿放弃自己的机会，限制自己的乐趣，禁锢自己的生活。

若要改变一下自己的生活位置，总要冒出丑的风险，除非你甘愿在一个地方、一个水平上"钉死"了。不要担心出丑，否则你就会无所出息，更重要的是，你同样无法心绪平静、生活舒畅，你会受到囿于静止的生活而又时时渴望变化的愿望的痛苦煎熬。我们也许应该记住这一点，由于我们害怕出丑，也许会失去许多生活机会而长久感到后悔。我们也应该记住法国的一句成语："一个从不出丑的人并不是一个他自己想象的聪明人。"

心灵感悟

生活中，有人害怕出丑，因而迟迟不敢迈出行动。其实任何一次"出丑"往往是下一个成功的开始。尝试需要勇气，虽然尝试的结果永远是不确定的，但这种积极的人生一定是辉煌的。

扔掉拐杖，不要依赖

独立行走，让猿终于成为万物灵长；扔掉手中的拐杖，你才可以走出属于自己的路。人生的轨迹不需要别人定度，只有自己才能为自己的人生画布着色。去除依赖，独立完成人生的乐谱，相信你定能奏响生命雄壮的乐章。

世上有一种人，总是存在极强的依赖心理，习惯依靠拐杖走路，尤其是依靠别人的拐杖走路。

有些人经常持有的一个最大谬见，就是以为他们永远会从别人不断的帮助中获益。力量是每一个志存高远者的目标，而依靠他人只会导致懦弱。力量是自发的，不依赖于他人。坐在健身房里让别人替我们练习，是无法增强自己肌肉的力量的。没有什么比依靠他人更能破坏独立自主精神的了。如果你依靠他人，你将永远坚强不起来，也不会有独创力。要么抛开身边的"拐杖"独立自主，要么埋葬雄心壮志，一辈子老老实实做个普通人。

生活中最大的危险，就是依赖他人来保障自己。"让你依赖，让你靠"，就如同伊甸园的蛇，总在你准备赤膊努力一番时引诱你。它会对你说："不用了，你根本不需要。看看，这么多的金钱，这么多好玩、好吃的东西，你享受都来不及呢……"这些话，足以抹杀一个人意欲前进的雄心和勇气，阻止一个人利用自身的资本去换取成功的快乐，让你日复一日原地踏步，止水一般停滞不前，以至于你到了垂暮之年，终日为一生无所作为而悔恨不已。

而且，这种错误的心理，还会剥夺一个人本身具有的独立的权利，使其依赖成性，靠拐杖而不想自己一个人走；有依赖，就不会想独立，其结果是给自己的未来挖下失败的陷阱。

美国总统约翰·肯尼迪的父亲从小就注意对儿子独立性格和精神状态的培养。有一次他赶着马车带儿子出去游玩。在一个拐弯处，因为马车速度很快，猛地把小肯尼迪甩了出去。当马车停住时，儿子以为父亲会下来把他扶起来，但父亲却坐在车上悠闲地掏出烟吸起来。

儿子叫道："爸爸，快来扶我。"

"你摔疼了吗？"

"是的，我自己感觉已站不起来了。"儿子带着哭腔说。

"那也要坚持站起来，重新爬上马车。"

儿子挣扎着自己站了起来，摇摇晃晃地走近马车，艰难地爬了上来。

父亲摇动着鞭子问："你知道为什么让你这么做吗？"

儿子摇了摇头。

父亲接着说："人生就是这样，跌倒、爬起来、奔跑，再跌倒、再爬起来、再奔跑。在任何时候都要全靠自己，没人会去扶你的。"

从那时起，父亲就更加注重对儿子的培养，如经常带着他参加一些大的社交活动，教他如何向客人打招呼、道别，与不同身份的客人应该怎样交谈，如何展示自己的精神风貌、气质和风度，如何坚定自己的信仰，等等。有人问他："你每天要做的事情那么多，怎么有耐心教孩子做这些鸡毛蒜皮的小事？"

谁料约翰·肯尼迪的父亲一语惊人："我是在训练他做总统。"

雨果曾经写道："我宁愿靠自己的力量打开我的前途，而不愿求有力者的垂青。"只要一个人是活着的，他的前途就永远取决于自己，成功与失败，都只系于他自己身上。而依赖作为对生命的一种束缚，是一种寄生状态。英国历史学家弗劳德说："一棵树如果要结出果实，必须先在土壤里扎下根。同样，一个人首先需要学会依靠自己、尊重自己，不接受他人的施舍，不等待命运的馈赠。只有在这样的基础上，才可能做出成就。"将希望寄托于他人的帮助，便会形成惰性，失去独立思考和行动的能力；将希望寄托于某种强大的外力上，意志力就会被无情地吞噬掉。

为了训练小狮子的自强自立，母狮子总是故意将它推到深谷，使其在困境中挣扎求生。在残酷的现实面前，小狮子挣扎着一步一步从深谷之中走了出来。它体会到了"不依靠别人，只能凭借自己的力量前进"，它逐渐成熟了。

真实人生的风风雨雨，只有靠自己去体会、去感受，任何人都不能为你提供永远的荫庇。你应该掌握前进的方向，把握住目标，让目标似灯塔般在高远处闪光；你应该独立思考，有自己的主见，懂得自己解决问题。你不应相信有什么救世主，不该信奉什么神仙或皇帝，你的品格、你的作为，你所有的一切都是你自己行为的产物，并不能靠其他什么东西来改变。

你就是主宰一切的神灵，一个人，即使驾着的是一匹羸弱的老马，但只要马缰掌握在你的手中，你就不会陷入人生的泥潭。人只有依靠他自己，才能自视配得上最高贵的东西。

心灵感悟

抛开拐杖，自立自强，这是所有成功者的做法。其实，当一个人感到所有外部的帮助都已被切断之后，他就会尽最大的努力，以最坚忍不拔的毅力去奋斗，而结果，他会发现：自己可以主宰自己命运的沉浮。

羞怯是心灵之网

　　古代形容女子之美，多有犹抱琵琶半遮面的羞涩之态的赞叹，也有女人含而不露谓之羞也的说法。现代也有形容女人未见开口先绯红满面的羞态。但是凡事都有法度，如果见到什么人遇到什么事，总感到有一种无形的压力，甚至不敢对视对方的目光，面红耳赤，虚汗直冒，心里发慌，那就是一种病态的羞怯心理了。这种心理往往影响自己与他人的正常交流，甚至会成为自己发展的障碍。所以，我们一定要从现在开始，鼓起勇气与羞怯说再见。

　　步入社会后，在人前易脸红的毛病令不少人不堪其苦。明明知道并没有什么可怕的，也想改变自己，自如地与人交往，但就是做不到。有时同不太熟悉的人交谈，本来还好好的，突然心里"咯噔"一下，心跳加快，一股热血直往脸上冲，自己难堪不说，还叫别人莫名其妙，常常被别人笑话，致使自己几乎成了惊弓之鸟，不敢与人交往。同时却又渴望与人交往，在身体里常常经历着两个不同自我的战争：一个害羞、懦弱、缺乏自信，一个则强迫自己去改变自己。这样的人，常常感到生活真是太沉重、太累了，这是因为害羞过度，已经发展成为一种病态的羞怯心理。

　　潘亮是一名刚步入工作岗位的小伙子。尽管已经大学毕业，参加了工作，但他对与其他人交往仍有一种恐惧感，见到人脸就红。尤其是陌生人，如果与他们在一起时，他便会感到一种莫名其妙的紧张，脸红得能够滴出血来。当他与别人并肩而坐的时候，心中总是想要看看别人，这种欲望很强，但又因为恐惧而不敢转过脸去看。如因有事必须与他人接触时，不论对方是男是女，潘亮一走近对方，便感到心慌、神情紧张、面部发热，不敢抬头正视对方。如果与陌生人坐在一起，相距两米左右时，他就开始感到焦虑不安、手心出汗，神情也极不自然。由于这一原因，他很害怕与别人接触，进而害怕出去做业务，这影响了他的工作成绩和正常的生活，潘亮因此内心感到非常痛苦。

　　每个人在与自己不熟悉或比较重要的人交往时，都会出现一种紧张或激动感，并反射性地引起交感神经兴奋，从而使人的心跳加快，毛细血管扩张，即表现为脸红。这本是人际交往中的一种正常反应，随时间推移会习以为常。但由于你缺乏自信，因而特别在意别人对你的评价，注意自己在别人面前的表现，以致对脸红特别敏感，害怕别人会因此议论你，想自己不脸红，但又无法消除，见人脸红便成了你的心病。与人交往前你便担心自己会脸红，交往时更是认真感觉自己有无脸红，时间一长，就在大脑的相应区域形成了兴奋点，只要你一进入与人交往的环境，就会出现脸上发热感和内心的焦虑不安，加上别人对此的议论或讥笑，更使你紧张不安，惧怕见人，从而形成一种羞怯的心理。

羞怯心理会阻碍你人生的发展，束缚你前进的脚步。所以，一定要从内心克服羞怯，勇敢地面对生活中的任何人和事。

心灵感悟

我们每个人都会或多或少地有些害羞，这是不自信的一种表现。尺有所短，寸有所长，只要认识到自己的优势所在，并充满信心，将注意力渐渐转移到自己感兴趣、最能体现自己才能的活动中去，就会慢慢走出"害羞"的阴影了。

将思想指向光明处

遇到挫折并不可怕，只要用积极的心态去面对，就一定能够走出不利的环境。

尤利乌斯是一个画家，而且是一个很不错的画家。他画快乐的世界，因为他自己就是一个快乐的人。不过没人买他的画，因此他想起来会有点伤感，但只是一会儿。

他的朋友们劝他："玩玩足球彩票吧！只花两马克便可赢很多钱！"

于是尤利乌斯花两马克买了一张彩票，并真的中了彩！他赚了50

万马克。

他的朋友都对他说："你瞧！你多走运啊！现在你还经常画画吗？"

"我现在就只画支票上的数字！"尤利乌斯笑道。

尤利乌斯买了一幢别墅并对它进行了一番装饰。他很有品位，买了许多好东西：阿富汗地毯、维也纳柜橱、佛罗伦萨小桌、迈森瓷器，还有古老的威尼斯吊灯。

尤利乌斯很满足地坐下来，他点燃一支香烟静静地享受他的幸福。突然他感到好孤单，便想去看看朋友。他把烟往地上一扔，在原来那个石头做的画室里他经常这样做，然后他就出去了。

燃烧着的香烟躺在地上，躺在华丽的阿富汗地毯上……一个小时以后，别墅变成一片火的海洋，它完全烧没了。

朋友们很快就知道了这个消息，他们都来安慰尤利乌斯。

"尤利乌斯，真是不幸呀！"他们说。

"怎么不幸了？"他问。

"损失呀！尤利乌斯，你现在什么都没有了。"

"什么呀？不过是损失了两个马克。"

心 灵 感 悟

事情本身并不重要，重要的是人对事情的看法。当一个人改变对事物的看法时，事物和其他人对他来说就会发生改变。不为失去的东西而烦恼，不让自己沉浸在痛苦之中，将思想指向光明处，你就会很吃惊地发现，你的生活变得光明了。

蹚过心灵的冰河

　　有时候，我们总觉得周围一片黑暗，那是因为我们背向太阳，自己挡住了光线的缘故。为何我们不能转过身来，面向阳光？蹚过心灵的冰河，让心灵沐浴阳光，这样我们方能睁开模糊的泪眼发现生活中的美丽，也只有这样，我们才能腾出手来握紧自信的利刃，披荆斩棘，开拓前进的道路。

活在今天

你没必要为过去而懊悔，也没必要为未来而不安，最明智的做法就是做好今天该做的事情。

1871 年春天，一个蒙特瑞综合医院的医学生偶然拿起一本书，看到了书上的一句话。就是这话，改变了这个年轻人的一生。它使这个原来只知道担心自己的期末考试成绩、自己将来的生活何去何从的年轻的医学院的学生，最后成为他那一代最有名的医学家。他创建了举世闻名的约翰·霍昔金斯学院，被聘为牛津大学医学院的钦定讲座教授，还被英国国王册封为爵士。他死后，用厚达 1466 页的两大卷书才记述完他的一生。

他就是威廉·奥斯勒爵士，而下面，就是他在 1871 年看到的由汤冯士·卡莱里所写的那句话："人的一生最重要的不是期望模糊的未来，而是重视手边清楚的现在。"

威廉·奥斯勒爵士曾在耶鲁大学做了一场演讲。他告诉那些大学生，在别人眼里，曾经当过 4 年大学教授、写过一本畅销书的他，拥有的应该是"一个特殊的头脑"，可是，他的好朋友们都知道，他其实也是个普通人。他的一生得益于那句话："人的一生最重要的不是期望模糊的未来，而是重视手边清楚的现在。"很久以前，曾经有两位哲人游说于穷乡僻壤之中，对前来听教的人说了一句流传千古的话："不要为明天的事烦恼。明天自有明天的事，只要全力以赴地过好今天就行了。"许多人都觉得耶稣说过的这句话难以实行，他们认为为了明天的生活有保障，为了家人，为了将来出人头地，必须做好准备。我们当然应该为明天制订计划，却完全没有必要去担心。现代生活中，存在着一个惊人的事实，证明了现代生活的错误。在美国，医院里半数以上的病床都被精神病人占据着，而这些人大多是因为不堪忍受生活的重负而精神崩溃的。可是，如果他们谨奉耶稣的箴言"不要为明天的事忧虑"，谨记威廉·奥斯勒的话"人只能生存在今天的房间里"，只活在今天，你就能成为一个快乐的人，满意地度过一生。

心灵感悟

　　昨天就像使用过的支票，明天则像还没有发行的债券，只有今天是现金，可以马上使用。今天是我们轻易就可以拥有的财富，无度的挥霍和无端的错过，都是一种对生命的浪费。

沙漏哲学

　　现代人大都背负着沉重的生活压力，时常担心这个，担心那个。面对这么多的压力，你该试一试所谓的"沙漏哲学"，既然你所忧虑的事不是一时半刻就能改变的，你就要用另一种心情去面对。

　　第二次世界大战时期，米诺肩负着沉重的任务，每天花很长的时间在收发室里，努力整理在战争中死伤和失踪者的最新纪录。

　　源源不绝的情报接踵而来，收发室的人员必须分秒必争地处理，一丁点儿的小错误都可能会造成难以弥补的后果。米诺的心始终悬在半空中，小心翼翼地避免出现任何差错。

　　在压力和疲劳的袭击之下，米诺患了结肠痉挛症。身体上的病痛使他忧心忡忡，他担心自己从此一蹶不振，又担心自己是否能撑到战争结束，活着回去见他的家人。

　　在身体和心理的双重煎熬下，米诺整个人瘦了34磅。他想自己就要垮了，几乎已经不奢望会有痊愈的一天。

　　身心交相煎熬，米诺终于不支倒地，住进医院。

　　军医了解他的状况后，语重心长地对他说："米诺，你身体上的疾病没什么大不了，真正的问题出在你的心里。我希望你把自己的生命想象成一个沙漏，在沙漏的上半部，有成千上万的沙子。它们在流过中间那条细缝时，都是平均而且缓慢的，除了弄坏它，你跟我都没办法让很多沙粒同时通过那条窄缝。人也是一样，每一个人都像是一个沙漏，每天都是一大堆的工作等着去做，但是我们必须一次一件慢慢来，否则我们的精神绝对承受不了。"

医生的忠告给了米诺很大的启发，从那天起，他就一直奉行着这种"沙漏哲学"，即使问题如成千上万的沙子般涌到面前，米诺也能沉着应对，不再杞人忧天。他反复告诫自己："一次只流过一粒沙子，一次只做一件工作。"

没过多久，米诺的身体便恢复正常了，从此，他也学会了如何从容不迫地面对自己的工作了。

人没有一万只手，不能把所有的事情一次解决，那么又何必一次为那么多事情而烦恼呢？

不能即时改变的事，你再怎么担心忧虑也只是空想而已，事情并不能马上解决；你应该试着一件一件慢慢来，全心全意把眼前的这件事做好。

心 灵 感 悟

人生在世，必然要面临各种各样的压力，当你学会调整自己，让压力一点一滴而来时，你会发现，压力反而成为一种动力，只要你按部就班，它就会不断推动着你努力前进。

忧虑不能改变现实

与内疚悔恨一样，过分忧虑也是人性的一种最消极而毫无益处的缺陷之一，是一种极大的精力浪费。当你悔恨时，你会沉湎于过去，为自己的某种言行而沮丧或不快，在回忆往事中消磨掉自己现在的时光。当你产生忧虑时，你会利用宝贵的时光，无休止地考虑将来的事情。对我们每个人来讲，无论是沉湎过去，还是忧虑未来，其结果都是相同的：徒劳无益。

一个商人的妻子不停地劝慰着她那在床上翻来覆去折腾了的丈夫："睡吧，别再胡思乱想了。"

"嗨，老婆啊，"丈夫说，"你是没遇上我现在的罪啊！几个月前，我借了一笔钱，明天就到还钱的日子了。可你知道，咱家哪儿有钱啊！你也知道，借给我钱的那些邻居们比蝎子还毒，我要是还不上钱，他们能饶得了我吗？为了这个，我能睡得着吗？"他接着又在床上继续翻来覆去。

妻子试图劝他，让他宽心："睡吧，等到明天，总会有办法的，我们说不定能弄到钱还债的。"

"不行了，一点儿办法都没有啦！"丈夫喊叫着。

最后，妻子忍耐不住了，她爬上房顶，对着邻居家高声喊道："你们知道，我丈夫欠你们的债明天就要到期了。现在我告诉你们：我丈夫明天没有钱还债！"她跑回卧室，对丈夫说："这回睡不着觉的不是你，而是他们了。"

如果凌晨三四点的时候，你还忧虑在心头，似乎全世界的重担都压在你肩膀上：到哪里去找一间合适的房子？找一份好一点的工作？怎样可以使那个啰唆的主管对你有好印象？儿子的健康、女儿的行为、明天的伙食、孩子们的学费……可怜！你的脑子里有许多烦恼、问题和亟待要做的事在那里滚转翻腾！墙上糊的纸好不好？女儿的男友配得上她吗？粮食会不会又要涨价了？可怜！你脑子里的思绪东飘西荡，你仿佛永远无法再入睡了！

不，你会睡着的，只要你采取一个简单的步骤，对自己说一句简短的话，说上几遍，每一次要深呼吸，放松！你要对自己说，同时心里也要真的这样想："不要怕。"

深呼吸，一切由他去！睁开眼睛，再轻松地闭起来，告诉自己："不要怕。"要仔细想想这些有魔力的字句，而且要真正相信，不要让你的心仍彷徨在恐惧和烦恼之中。

有一点，我们不能将忧虑与计划安排混为一谈，虽然二者都是对未来的一种考虑。如果你是在制定未来的计划，这将更有助于你现实中的活动，使你对未来有自己的具体想法与行动指南。而忧虑只是因今后可能发生的事情而产生惰性。忧虑是一种流行的社会通病，几乎每个人都要花费大量的时间为未来担忧。忧虑既然如此消极而无益，既然你是在为毫无积极效果的行为浪费自己宝贵的时光，那么你就必须改变这一缺点。

请记住一点，世上没有任何事情是值得忧虑的，绝对没有！你可以让自己的一生在对未来的忧虑中度过，然而无论你多么忧虑，甚至抑郁而死，你也无法改变现实。

心灵感悟

"人生不如意事,十有八九",忧虑在所难免。但人们切不可沉溺于忧虑的泥潭中不能自拔,而应尽快调整心态和情绪,采取积极的行动来改变已遭到变故的生活。不想八九,常想一二。

忧虑是健康的大敌

忧虑会使一个人老得更快,摧毁他的容貌。忧虑会使我们的表情难看,会使我们咬紧牙关,会使我们的脸上产生皱纹,会使我们老是愁眉苦脸,会使我们头发灰白,有时甚至会使头发脱落。

忧虑甚至会使最强壮的人生病。在美国南北战争的最后几天里,格兰特将军发现了这一点。故事是这样的:

格兰特围攻里奇蒙德有 9 个月之久,李将军手下衣衫不整、饥饿不堪的部队被打败了。有一次,好几个兵团的人都开了小差。其余的人在他们的帐篷里开会祈祷——叫着、哭着,看到了种种幻象。眼看战争就要结束了,李将军手下的人放火烧了里奇蒙德的棉花和烟草仓库,也烧了兵工厂,然后在烈焰升腾的黑夜里弃城而逃。格兰特乘胜追击,从左右两侧和后方夹击南部联军,而由骑兵从正面截击,拆毁铁路线,俘获了运送补给的车辆。

由于剧烈头痛而眼睛半瞎的格兰特无法跟上队伍,就停在了一个农家。"我在那里过了一夜,"他在回忆录里写道,"把我的两脚泡在加了芥末的冷水里,还把芥末药膏贴在我的两个手腕和后颈上,希望第二天早上能复原。"

第二天清早,他果然复原了。可是使他复原的,不是芥末药膏,而是一个带回李将军降书的骑兵。

"当那个军官到我面前时,"格兰特写着,"我的头还痛得很厉害,可是一看到那封信的内容,我就好了。"

显然,格兰特是因为忧虑、紧张和情绪上的不安才生病的。一旦他在情绪上恢复了自信,想到他的成就和胜利,就马上好了。

当我们忧虑的时候，思想激烈碰撞，无法形成一个定式，最终只会丧失所有作决定的能力。

可是，如果强迫自己接受现状，先有了一个精神准备，那我们就能够衡量所有可能的情形，进行细致的考虑，使我们的思想能够充分集中，去想办法扭转局势。

心理上能接受最坏后果，实际上就成为发挥你个人潜力的最佳保证，因为当我们接受了最坏打算后，就不会再有什么损失了，反正一切都已显得微不足道。换句话说，一切都可以失去，也都能够回来。

但总有许多人，因为愤怒而毁了他们的生活，因为他们根本无法接受最坏的东西，不肯由此进行改进，不愿意在灾难中尽可能地救出点东西来。他们将整个身心投入利弊得失的忧虑中——实际上，他们只有损失，最终成为那种颓废的情绪的牺牲品。

心灵感悟

健康是人一生最重要的资本，没有了健康，纵然有再多的财富也是枉然。很多时候，人们可能忽视了坏情绪对人的负面影响，使健康出现严重危机，由此，我们应该还自己一片晴朗的心空，让健康永驻。

自卑是心灵的钉子

自卑是人生最大的跨栏，每个人都必须成功跨越才能到达人生的巅峰。

自卑的人，情绪低沉，郁郁寡欢，常因害怕别人看不起自己而不愿与人来往，只想与人疏远，缺少朋友，顾影自怜，甚至自疚、自责、自罪；自卑的人，缺乏自信，优柔寡断，毫无竞争意识，抓不住稍纵即逝的各种机会，享受不到成功的乐趣；自卑的人，常感疲劳，心灰意懒，注意力不集中，工作没有效率，缺少生活情趣。

如果一个人总是沉迷在自卑的阴影中，那无异于给自己套上了无形的枷锁。但是如果能够认清了自己，懂得换个角度看待周围的世界和自己的困境，那么许多问题就会迎刃而解了。

一位父亲带着儿子去参观凡·高故居，在看过那张小木床及裂了口的皮鞋之后，儿子问父亲："凡·高不是位百万富翁吗？"父亲答："凡·高是位连妻子都没娶上的穷人。"

第二年，这位父亲带儿子去丹麦，在安徒生的故居前，儿子又困惑地问："爸爸，安徒生不是生活在皇宫里吗？"父亲答："安徒生是位鞋匠的儿子，他就生活在这栋阁楼里。"

这位父亲是一个水手，他每年往来于大西洋各个港口；这位儿子叫伊东布拉格，是美国历史上第一位获普利策奖的黑人记者。20年后，在回忆童年时，他说："那时我们家很穷，父母都靠卖苦力为生。有很长一段时间，我一直认为像我们这样地位卑微的黑人是不可能有什么出息的。好在父亲让我认识了凡·高和安徒生，这两个人告诉我，上帝没有轻看卑微。"

富有者并不一定伟大；贫穷者也并不一定卑微。上帝是公平的，他把机会放到了每个人面前。自卑的人也有相同的机会。

自卑常常在不经意间闯进我们的内心世界，控制着我们的生活，在我们有所决定、有所取舍的时候，向我们勒索着勇气与胆略；当我们碰到困难的时候，自卑会站在我们的背后大声地吓唬我们；当我们要大踏步向前迈进的时候，自卑会拉住我们的衣袖，叫我们小心地雷。一次偶然的挫败就会令你垂头丧气，一蹶不振，将自己的一切否定，你会觉得自己一无是处，窝囊至极，你会掉进自责自罪的旋涡。

自卑就像蛀虫一样啃噬着你的人格，它是你走向成功的绊脚石，它是快乐生活的拦路虎。

一个人如果自卑，他不仅不敢有远大的目标，同时他将永远不会出类拔萃；一个民族和国家，如果自卑，只能当别国的殖民地，站不起来，也不敢站起来，只能跟在别国后边当附庸。

自卑是一种压抑，一种自我内心潜能的人为压抑，更是一种恐惧，一种损害自尊和荣誉的恐惧。所以生活中，我们只有比别人更相信并且珍爱自己，我们才能发挥自己最大的潜力，创造出属于自己的天地。当我们遭到冷遇时，当我们受到侮辱时，一定要自尊自爱，把羞辱作为奋发的动力，激励自己去战胜一个个难关。

心灵感悟

自卑是麻痹药，自卑是落后丹，自卑是自杀的剧毒品！
驱赶自卑的良药是接受自信心训练，建立自信。

别抓住自己的劣势不放

世上大部分不能走出生存困境的人都是因为对自己信心不足，他们就像一颗脆弱的小草一样，毫无信心去经历风雨，这就是一种可怕的自卑心理。所谓自卑，就是轻视自己，自己看不起自己。自卑心理严重的人，并不一定是其本身具有某些缺陷或短处，而是不能悦纳自己，自惭形秽，常把自己放在一个低人一等，不被自我喜欢，进而演绎成别人也看不起自己的位置，并由此陷入不能自拔的痛苦境地，心灵笼罩着永不消散的愁云。

王璇就是这样，本来是一个活泼开朗的女孩，竟然被自卑折磨得一塌糊涂。

王璇在一家大型的日本企业上班，毕业于某著名语言大学。大学期间的王璇是一个十分自信、从容的女孩。她的学习成绩在班级里名列前茅，是男孩追逐的焦点。然而，最近，王璇的大学同学惊讶地发现，王璇变了，原先活泼可爱、整天嘻嘻哈哈的她，像换了一个人似的，不但变得羞羞答答，甚至其行为也变得畏首畏尾，而且说起话来、干起事来都显得特别不自信，和大学时判若两人。每天上班前，她会为了穿衣打扮花上整整两个小时的时间。为此她不惜早起，少睡两个小时。她之所以这么做，是怕自己打扮不好，遭到同事或上司的取笑。在工作中，她更是战战兢兢、小心翼翼，甚至到了谨小慎微的地步。

原来到日本公司后，王璇发现日本人的服饰及举止显得十分高贵及严肃，让她觉得自己土气十足，上不了台面。于是她对自己的服装及饰物产生了深深的厌恶。第二天，她就跑到服饰精品商场去了。可是，由于还没有发工资，她买不起那些名牌服装，只能悻悻地回来了。

在公司的第一个月，王璇是低着头度过的。她不敢抬头看别人穿的正宗的名牌西服、名牌裙子，因为一看，她就会觉得自己穷酸。那些日本女人或早于她进入这家公司的中国女人大多穿着一流的品牌服饰，而自己呢，竟然还是一副穷学生样。每当这样比较时，她便感到无地自容，她觉得自己就是混入天鹅群的丑小鸭，心里充满了自卑。

服饰还是小事，令王璇更觉得抬不起头来的，是她的同事们平时用的香水都是洋货。她们所到之处，处处清香飘逸，而王璇自己用的却是一种廉价的香水。

女人与女人之间聊天，无非是生活上的琐碎小事，主要的当然是衣服、化妆品、首饰等等。而关于这些，王璇几乎什么话题都没有。这样，她在同事中间就显得十分孤立，也十分羞惭。

在工作中，王璇也觉得很不如意。由于刚踏入工作岗位，工作效率不是很高，不能及时完成上司交给的任务，有时难免受到批评，这让王璇更加拘束和不安，甚至开始怀疑自己的能力。

此外，王璇刚进公司的时候，她还要负责做清洁工作。看着同事们悠然自得地享用着她倒的开水，她就觉得自己与清洁工无异，这更加深了她的自卑意识……

像王璇这样的自卑者，总是一味轻视自己，总感到自己这也不行，那也不行，什么也比不上别人。怕正面接触别人的优点，回避自己的弱项，这种情绪一旦占据心头，结果是对什么都提不起精神，犹豫、忧郁、烦恼、焦虑便纷至沓来。

每一个事物、每一个人都有其优势，都有其存在的价值。自卑是一种没有必要的自我没落，一个人如果陷入了自卑的泥潭，他能找到一万个理由说自己如何如何不如别人，比如：我个矮、我长得黑、我眼睛小、我不苗条、我嘴大、我有口音、我汗毛太多、我父母没地位、我学历太低、我职务不高、我受过处分、我有病，乃至我不会吃西餐，等等，可以找到无数种理由让自己自卑。由于自卑而焦虑，于是注意力分散了，从而破坏了自己的成功，导致失败，即失败——自卑——焦虑——分散注意力——失败，这就是自卑者制造的恶性循环。

心 灵 感 悟

具有自卑心理的人，总是过多地看重自己不利和消极的一面，而看不到有利、积极的一面，缺乏客观全面地分析事物的能力和信心。这就要求我们努力提高自己透过现象抓本质的能力，客观地分析对自己有利和不利的因素，尤其要看到自己的长处和潜力，而不是妄自嗟叹、妄自菲薄。

走出过去的阴影

没有一个人是没有过失的，如果有了过失能够决心去修正，即使不能完全改正，只要继续不断地努力下去，也就对得住自己的良心了。徒有感伤而不从事切实的补救工作，那是最要不得的！

人很容易被负疚感左右，在人们的文化中，内疚被当作一种有效的控制手段加以运用。

的确，我们应当吸取过去的经验教训，但绝不能总在阴影下活着，内疚是对错误的反省，是人性中积极的一面，但却属于情绪的消极一面。我们应该分清这二者之间的关系，反省之后迅速行动起来，把消极的一面变为积极，让积极的一面更积极。

哈蒙是一位商人，四处旅行，忙忙碌碌。当能够与全家人共度周末时，他非常高兴。他年迈的双亲住的地方，离他的家只有一个小时的路程。哈蒙也非常清楚自己的父母是多么希望见到他和他的全家人。但他总是寻找借口尽可能不到父母那里去，最后几乎发展到与父母断绝往来的地步。不久，他的父亲死了，哈蒙好几个月都陷于内疚之中，回想起父亲曾为自己做过的所有好事情。他埋怨自己在父亲有生之年未能尽孝心。在最初的悲痛平定下来后，哈蒙意识到，再大的内疚也无法使父亲死而复生。认识到自己的过错之后，他改变了以往的做法，常常带着全家人去看望母亲，并一直同母亲保持密切的电话联系。

大家再看一下赫莉是怎么处理的：

赫莉的母亲很早便守寡，她勤奋工作，以便让赫莉能穿上好衣服，在城里较好的地区住上令人满意的公寓，能参加夏令营，上名牌私立大学。赫莉的母亲为女儿"牺牲"了一切。当赫莉大学毕业后，找到了一个报酬较高的工作。她打算独自搬到一个小型公寓去，公寓离母亲的住处不远，但人们纷纷劝她不要搬，因为母亲为她做出过那么大的牺牲，现在她撇下母亲不管是不对的。赫莉立刻感到有些内疚，并同意与母亲住在一起。后来她看上了一个青年男子，但她母亲不赞成她与他交朋友，强有力的内疚感再一次作用于赫莉。几年后，为内疚感所奴役着的赫莉，完全处于她母亲的控制之下。而到最终，她又因负疚感造成的压抑毁了自己，并为生活中的每一个失败而责怪自己和自己的母亲。

当然，处在某种情境之下，我们的头脑会被外在因素所控制而不再清醒，不自觉地陷在内疚的泥潭里无法自拔。这时候既需要有人当头棒喝，更需要自己毅然决然做出选择。

心灵感悟

我们不能抛弃回忆，可是我们也不能做回忆的奴隶。让我们在心灵的一个角落里，珍藏起我们走过的路上种种的喜怒哀愁、酸甜苦辣，然后，把更广阔的心灵空间留给现在，留给此时此刻！

怀旧情结适可而止

淑娟是某校一位普通的学生。她曾经沉浸在考入重点大学的喜悦中，但好景不长，大一开学才两个月，她已经对自己失去了信心，连续两次与同学闹别扭，功课也不能令她满意，她对自己失望透了。

她自认为是一个坚强的女孩，很少有被吓倒的时候，但她没想到大学开学才两个月，自己就对大学4年的生活失去了信心。她曾经安慰过自己，也无数次试着让自己抱以希望，但换来的却只是一次又一次的失望。

以前在中学时，几乎所有老师跟她的关系都很好，很喜欢她，她的学习状态也很好，学什么像什么，身边还有一群朋友，那时她感觉自己像个明星似的。但是进入大学后，一切都变了，人与人的隔阂是那样的明显，自己的学习成绩又如此糟糕。现在的她很无助，她常常这样想：我并未比别人少付出，并不比别人少努力，为什么别人能做到的，我却不能呢？她觉得明天已经没有希望了，她想了难道12年的拼搏奋斗注定是一场空吗？那这样对自己来说太不公平了。

进入一个新的学校，新生往往会不自觉地与以前相对比，而当困难和挫折发生时，产生"回归心理"更是一种普遍的心理状态。淑娟在新学校中缺少安全感，不管是与人相处方面，还是自尊、自信方面，这使她长期处于一种怀旧、留恋过去的心理状态中，如果不去正视目前的困境，就会更加难以适应新的生活环境、建立新的自信。

不能尽快适应新环境，就会导致过分的怀旧。一些人在人际交往中只能做到"不忘老朋友"，但难以做到"结识新朋友"，个人的交际圈也大大缩小。此类过分的怀旧行为将阻碍着你去适应新的环境，使你很难与时代同步。回忆是属于过去的岁月的，一个人应该不断进步。我们要试着走出过去的回忆，不管它是悲还是喜，不能让回忆干扰我们今天的生活。

一个人适当怀旧是正常的，也是必要的，但是因为怀旧而否认现在和将来，就会陷入病态。

不要总是表现出对现状很不满意的样子，更不要因此过于沉溺在对过去的追忆中。当你不厌其烦地重复述说往事，述说着过去如何如何时，你可能忽略了今天正在经历的体验。把过多的时间放在追忆上，会或多或少地影响你的正常生活。

我们需要做的是尽情地享受现在。过去的再美好，抑或再悲伤，那毕竟已经因为岁月的流逝而沉淀。如果你总是因为昨天错过今天，那么在不远的将来，你又会回忆着今天的错过。在这样的恶性循环中，你永远是一个迟到的人。不如积极参与现实生活，如认真地读书、看报，了解并接受新生事物，积极参与改革的实践活动，要学会从历史的高度看问题，顺应时代潮流，不能老是站在原地思考问题。如果对新事物立刻接受有困难，可以在新旧事物之间寻找一个突破口，例如思考如何再立新功、再创辉煌，不忘老朋友、发展新朋友，继承传统、厉行改革等，寻找一个最佳的结合点，从这个点上做起。

隆萨乐尔曾经说过："不是时间流逝，而是我们流逝。"不是吗，在已逝的岁月里，我们毫无抗拒地让生命在时间里一点一滴地流逝，却做出了分秒必争的滑稽模样。

说穿了，回到从前也只能是一次心灵的谎言，是对现在的一种不负责的敷衍。史威福说："没有人活在现在，大家都活着为其他时间做准备。"所谓"活在现在"，就是指活在今天，今天应该好好地生活。这其实并不是一件很难的事，我们都可以轻易做到。

心灵感悟

每个人都有怀旧心理，正常的怀旧有一种寻找安静、维持心灵平和、返璞归真的积极功能。这方面的功能多一些，病态的、消极的心态就会减少。

悲观是自酿的苦酒

20世纪女作家张爱玲的一生完整地注释了悲观给人带来的负面影响是多么巨大。

张爱玲一生聚集了一大堆矛盾，她是一个善于将艺术生活化、将生活艺术化的享乐主义者，又是一个对生活充满悲剧感的人；她是名门之后、贵族小姐，却宣称自己是一个自食其力的小市民；她悲天悯人，时时洞见芸芸众生"可笑"背后的"可怜"，但在实际生活中却显得冷漠寡情；她通达人情世故，但她自己无论待人穿衣均是我行我素，独标孤高。她在文章里同读者拉家常，但在生活中却始终与人保持着距离，不让外人窥测她的内心；她在20世纪40年代的上海大红大紫，几十年后，她在美国又深居简出，过着与世隔绝的生活。所以有人说："只有张爱玲才可以同时承受灿烂夺目的喧闹与极度的孤寂。"这种生活态度的确不是普通人能够承受或者是理解的，但用现代心理学的眼光看，其实张爱玲的这种生活态度源于她始终抱着一种悲观的心态活在人间，这种悲观的心态让她无法真正地融入生活，因此她总在两种生活状态里不停地左右徘徊。

张爱玲悲观苍凉的色调，深深地沉积在她的作品中，使其作品产生了巨大而独特的艺术魅力。但无论作家用怎样流利俊俏的文字，写出怎样可笑或传奇的故事，终不免露出悲音。那种渗透着个人身世之感的悲剧意识，使她能与时代生活中的悲剧氛围相通，从而在更广阔的历史背景上臻于深广。

张爱玲所拥有的深刻的悲剧意识，并没有把她引向西方现代派文学那种对人生彻底绝望的境界。个人气质和文化底蕴最终决定了她只能回到传统文化的意境，且不免自伤自恋，因此在生活中，她时而在世俗的喧嚣中沉浸，时而又陷入极度的寂寞中，最后孤老死去。

张爱玲的悲剧人生让我们看到了悲观对一个人的戕害是多么惨重。现实生活中，不止文豪有这样的悲观情绪，平常的人也会经历这样的心情。

有一位年老的父亲，他有两个儿子，他们都很可爱。在圣诞节来临前，父亲分别送给他们完全不同的礼物，在夜里悄悄把这些礼物挂在圣诞树上。第二天早晨，哥哥和弟弟都早早起来，想看看圣诞老人给自己的是什么礼物。哥哥的圣诞树上礼物很多，有一把气枪，有一辆崭新的自行车，还有一个足球。哥哥把自己的礼物一件一件地取下来，却并不高兴，反而忧心忡忡。

父亲问他："是礼物不好吗？"哥哥拿起气枪说："看吧，这支气枪我如果拿出去玩，没准会把邻居的窗户打碎，那样一定会招来一顿责骂。还有，这辆自行车，我骑出去倒是高兴，但说不定会撞到树干上，会把自己摔伤。而这个足球，我总是会把它踢爆的。"父亲听了没有说话。

弟弟的圣诞树上除了一个纸包外，什么也没有。他把纸包打开后，不禁哈哈大笑起来，一边笑，一边在屋子里到处找。父亲问他："为什么这样高兴？"他说："我的圣诞礼物是一包马粪，这说明肯定会有一匹小马驹就在我们家里。"最后，他果然在屋后找到了一匹小马驹。父亲也跟着他笑起来："真是一个快乐的圣诞节啊！"

其实，在工作和生活中，很多事情也是这样，乐观情绪总会带来快乐明亮的结果，而悲观的心理则会使一切变得灰暗。

受苦的人，没有悲观的权利；失火时，没有怕黑的权利；战场上，只有不怕死的战士才能取得胜利；也只有受苦而不悲观的人，才能克服困难，脱离困境。

我们不仅要知道在快乐的时候微笑，更要学会在面对困难的时候微笑，因为只有这样，你才能在挫折面前精神不倒；只有这样，你才能告别悲伤的凄凉，迎接生活的春日暖阳。

心 灵 感 悟

当自己已经尽力，可因为个人无法控制的所谓"天命"而使事情变糟时，恐慌、着急、悔恨都无济于事，不如将自己从悲观中放逐出来，去感受生活中的阳光，这样方能迎来不一样的人生。

内心有阳光，世界就是光明的

一样的事情，可以选择不同的态度对待。选择往积极的方面，并做出积极努力，就一定会看出前方独好的风景。

两个小桶一同被吊在井口上。

其中一个对另一个说："你看起来似乎闷闷不乐，有什么不愉快的事吗？"

另一个回答："我常在想，这真是一场徒劳，没什么意思。常常是这样，装得满满地上去，又空着下来。"

第一个小桶说："我倒不觉得如此。我一直这样想：我们空空地来，装得满满地回去！"

很多事情，站在不同的立场，便有不同的看法，正面的想法带来积极的效果，负面的想法带来消极的效果。乐观的人，在每一个忧患中看到机会；悲观的人，在每一个机会中看到忧患。

普希金说，假如生活欺骗了你，不要忧郁，也不要愤慨。我们的心憧憬着未来，现实总是令人悲哀。一切都是暂时的，转瞬即逝，而那逝去的将变为可爱。

鲁滨孙太太这样描述她曾有过的经历：

美国庆祝陆军在北非获胜的那一天，我接到国防部送来的一封电报，我的侄儿——我最爱的一个人——在战场上失踪了。过了不久，又来了一封电报，说他已经死了。

我悲伤得无以复加。在那件事发生以前，我一直觉得生命多么美好，我有一份自己喜欢的工作，并努力带大了这个侄儿。在我看来，他代表了年轻人美好的一切。我觉得我以前的努力，现在都有很好的收获……然而却收到了这些电报，我的整个世界都粉碎了，我觉得再也没有什么值得我活下去。我开始忽视自己的工作，忽视朋友，我抛开了一切，既冷淡又怨恨。为什么我最疼爱的侄儿会离我而去？为什么一个这么好的孩子——还没有真正开始他的生活——就死在战场上？我没有办法接受这个事实。我悲痛欲绝，决定放弃工作，离开我的家乡，把自己藏在眼泪和悔恨之中。

就在我清理桌子、准备辞职的时候，突然看到一封我已经忘了的信——从我这个已经死了的侄儿那里寄来的信。是几年前我母亲去世的时候，他给我写来的一封信。"当然我们都会想念她的，"那封信上说，"尤其是你。不过我知道你会撑过去的，以你个人对人生的看法，就能让你撑过去。我永远也不会忘记那些你教我的美丽的真理：不论活在哪里，不论我们分离得多么远，我永远都会记得你教我要微笑，要像一个男子汉一样承受所发生的一切。"

我把那封信读了一遍又一遍，觉得他似乎就在我的身边，正在对我说话。他好像在对我说："你为什么不照你教给我的办法去做呢？撑下去，不论发生什么事情，把你个人的悲伤藏在微笑底下，继续过下去。"

于是，我重新回去开始工作。我不再对人冷淡无礼。我一再对自己说："事情到了这个地步，我没有能力去改变它，不过我能够像他所希望的那样继续活下去。"我把所有的思想和精力都在用工作上，我写信给前方的士兵——给别人的儿子们。晚上，我参加成人教育班——要找出新的兴趣，结交新的朋友。朋友们都不敢相信发生在我身上的种种变化。我不再为已经永远过去的那些事悲伤，我现在每天的生活都充满了快乐——就像我侄儿要我做到的那样。

鲁滨孙太太讲完这些话，嘴角泛起一丝笑意。

你知道汽车轮胎为什么能在路上跑那么久，能忍受那么多的颠簸吗？起初，制造轮胎的人想要制造一种轮胎，能够抗拒路上的颠簸，结果轮胎不久就被切成了碎条。然后他们又做出一种轮胎来，吸收路上新碰到的各种压力，这样的轮胎可以"接受一切"。在曲折的人生旅途上，如果我们也能够承受所有的挫折和颠簸，能够化解与消释所有的困难与不幸，我们就能够活得更加长久，我们的人生之旅就会更加顺畅、更加开阔。

心灵感悟

客观现实对任何人本来都是一样的。但一经各人"心态"诠释后，便代表了不同的意义，因而形成了不同的事实、环境和世界。心态改变，则事实就会改变；心中是什么，则世界就是什么。心里装着哀愁，眼里看到的就全是黑暗，抛弃已经发生的令人不痛快的事情或经历，才会迎来新心情下的新乐趣。

第五辑

放飞美丽的心情

　　没有人不幸到会遇上所有坏的情况，也没人幸运到会遇上一切好的情况，那为什么人的心境会有天壤之别呢？其实问题不在身外，恰恰在人的内心。当体验到了生活中美好的东西时，你的生活自然而然就生动起来了。

并没有人捆住你

一个年轻人四处寻找解脱烦恼的秘诀。

有一天,他来到一个山脚下。只见一片绿草丛中,一位牧童骑在牛背上,吹着横笛,笛声悠扬,逍遥自在。

年轻人走上前去询问:"你看起来很快活,能教给我解脱烦恼的方法吗?"

牧童说:"骑在牛背上,笛子一吹,什么烦恼也没有了。"

年轻人试了试,不灵。于是,他又继续寻找。

年轻人来到一条河边,看见一位老翁坐在柳树下,手持一根钓竿,正在垂钓。他神情怡然,自得其乐。年轻人走上前去鞠了一个躬:"请问老翁,您能赐我解脱烦恼的办法吗?"

老翁看了他一眼,慢声慢气地说:"来吧,孩子,跟我一起钓鱼,保管你没有烦恼。"

年轻人试了试,还是不灵。

于是,他又继续寻找。不久,他来到一个山洞里,看见洞内有一个老人独坐在洞中,面带满足的微笑。

年轻人深深鞠了一个躬,向老人说明来意。

长髯者微笑着摸摸长髯,问道:"这么说你是来寻求解脱的?"

年轻人说:"对对对!恳请前辈不吝赐教。"

老人笑着问:"有谁捆住你了吗?"

"……没有。"

"既然没有人捆住你,又谈何解脱呢?"

有许多习惯忧虑的人就如同这年

轻人一样，不肯让自己放松下来，老爱自己找麻烦，和自己过不去。当他们在感慨活着真累的时候，不知你有没有想过，生活本来无意与你作对，和你过不去的一直是你自己而已。

心灵感悟

勤勤恳恳做每一件事，平平淡淡对待生命，那么我们在名利面前，就多了一份平静，少了一份贪婪。努力了，属于你的，跑不掉;不属于你的，再苛求也难得到，别把自己弄得那么累。

生活原本可以平平淡淡，平平淡淡才是生活的本质。放开心情，享受平淡生活，平淡之中蕴含着生活的真谛。

体验生活中美好的东西

当体验到生活中美好的东西时，自然就能找回一切快乐的心情。

晓飞在她 30 岁以后终于意识到，其实她的生活并不快乐。她将责任全部归咎于她的丈夫、她的前任老板以及她的亲属。但是有一天，一位认识她已 10 年的朋友对她说："晓飞，你将你的不快乐归咎于你周围所有的人，为什么你就不能从自己身上找找原因呢？坦率地说，我总觉得和你在一起有种压抑的感觉。"

这句话对晓飞触动很大，那以后，她开始认真思考她的生活方式，她开始努力尝试使自己快乐起来。她学着观察并感受每天发生在她周围的一切，她努力将自己的思维投向那些积极和快乐的事情上，并学会将烦恼放在一边，她发现她的生活正发生着日新月异的变化。

在以后的日子里，每当晓飞与其他的人谈论她的生活经历时，她总是这样说："在过去的许多年，我从未发现自己只是关注那些令人沮丧和消沉的事情，那时的我简直让人没法忍受。所幸的是，我的一位很好的朋友提醒了我，是他让我学会将那些糟糕的东西扔进垃圾筒，让我体验到生活中原来有那么多美好的东西。"

心灵感悟

没有人不幸到会遇上所有坏的情况，也没人幸运到会遇上一切好的情况，那为什么人的心境会有天壤之别呢？其实问题不在身外，恰恰在人的内心。当体验到了生活中美好的东西时，生活自然而然就生动起来了。

生活需要阳光心态

在对幸福生活的主动追求中，需要你选择乐观，只有乐观的人才能以阳光的心态迎接生活。

琳达是个不同寻常的女孩。她的心情总是非常好，因为她对事物的看法总是正面的。

当有人问她近况如何时；她就会回答："我当然快乐无比。"她是个销售经理，也是个很独特的经理。因为她换过几家公司，而每次离职的时候都会有几个下属跟着她跳槽。她天生就是个鼓动者。如里哪个下属心情不好，琳达会告诉他怎么去看事物的正面。

这种生活态度的确让人称奇。

一天一个朋友追问琳达说："一个人不可能总是看事情的光明面。这很难办到！你是怎么做到的？"琳达回答道："每天早上我一醒来就对自己说，琳达你今天有两种选择，你可以选择心情愉快，也可以选择心情不好。我选择心情愉快。然后我命令自己要快快乐乐地活着，于是，我真的做到了。每次有坏事发生时，我可以选择成为一个受害者，也可以选择从中学些东西。我选择从中学习。我选择了，我做到了。每次有人跑到我面前诉苦或抱怨，我可以选择接受他们的抱怨，也可以选择指出事情的正面。我选择后者。"

"是！对！可是并不能那么容易做到吧。"朋友立刻回应。

"就是那么容易。"琳达答道,"人生就是选择。每一种处境面临一个选择。你选择如何面对各种处境,你选择别人的态度如何影响你的情绪,你选择心情舒畅还是糟糕透顶。归根结底,你自己选择如何面对人生。"

她曾被确诊患上了中期乳腺癌,需要尽快做手术。手术前期,她依然过着正常而有规律的生活。

所不同的是,每天下午3点半的时候她要接受医院规定的检查。对于来检查的医生,她总是微笑接待,让他们感到轻松无比,尽管检查的时候,大多感觉十分不舒服。

直到手术麻醉之前,她仍然对主治医师说:"医生,你答应过我,明天傍晚前用你拿手的汉堡换我的插花!别忘了!上次的自制汉堡,味道真好,让人难以忘怀!"直叫医生哭笑不得。手术果然进行得很顺利。两个月后的一天,朋友来探望她,她竟然马上忘记疼痛,要送朋友一件自己刚刚被医院允许做好的插花。等到她出院时,竟然与医科室一半的人都交上了朋友,包括那些病友。因为人们都被她的轻松和坚强所感染和征服。

充满着欢乐与战斗精神的人们,永远带着欢乐,欢迎雷霆与阳光。如果一个人对生活抱一种达观的态度,就不会稍有不如意,就自怨自艾。大部分终日苦恼的人,实际上并不是遭受了多大的不幸,而是自己的内心素质存在着某种缺陷,对生活的认识存在偏差。事实上,生活中有很多坚强的人,即使遭受不幸,精神上也会岿然不动。

心灵感悟

生活是喜怒哀乐之事的总和。我们必须清楚,不顺心、不如意是人生不可避免的一部分,这些都不是我们个人的力量所不能左右的。明白了这一点,我们就会对生活抱一种达观的态度,而当这种态度占据一个人的心灵后,他就拥有了阳光的心态。

自我赏识中肯定自己

也许你想成为太阳，可你却只是一颗星辰；也许你想成为大树，可你却只是一株小草；也许你想成为大河，可你却只是一泓山溪……于是，你很自卑。很自卑的你总以为命运在捉弄自己。其实，你不必这样：欣赏别人的时候，一切都好；审视自己的时候，却总是很糟。和别人一样，你也是一道风景，也有阳光，也有空气，也有寒来暑往，甚至有别人未曾见过的一株春草，甚至有别人未曾听过的一阵虫鸣……做不了太阳，就做星辰，让自己的星座，发热发光；做不了大树，就做小草，以自己的绿色装点希望；做不了伟人，就做实在的小人物，平凡并不可卑，关键是必须扮演好自己的角色。

有个小男孩头戴球帽，手拿球棒与棒球，全副武装地走到自家后院。

"我是世上最伟大的击球手。"他自信地说完后，便将球往空中一扔，然后用力挥棒，却没打中。他毫不气馁，继续将球拾起，又往空中一扔，然后大喊一声："我是最厉害的击球手。"他再次挥棒，可惜仍是落空。他愣了半晌，然后仔仔细细地将球棒与棒球检查了一番之后，他又试了一次，这次他仍告诉自己："我是最杰出的击球手。"然而他第三次的尝试还是挥棒落空。

"哇！"他突然跳了起来，"我真是一流的投手。"

男孩勇于尝试，能不断给自己打气、加油，充满信心，虽然仍是失败，但是，他并没有自暴自弃，没有任何抱怨，反而能从另一种角度"欣赏自己"。

生活中大多数人都习惯自怜自艾、自我批判，他们最常说的是"我身材难看"，"我能力太差"，"我总是做错事"……他们总是学不会像那个小男孩一样，换个角度欣赏自己，这都是由于自卑心理在作祟。自卑心理所造成的最大问题是：你总是在斤斤计较你的平凡，你总是在想方设法证明你的失败，每一天你都在为自己的想法找证据，结果你越来越觉得自己平凡、渺小，处处不如人。一个值得思考的问题是：为什么你明明知道这样做会使人生更灰暗、负面的感觉更多，更不知道珍惜人生的天赋美好，却还是执迷不悟。我们都是芸芸众生中的一员，都是平凡的小人物，但我们也有比别人美好的地方，所以千万不要自贬身价。

如果一个人对自己都不欣赏，连自己都看不起，那么，这个人怎么还会自强、自信、自爱、自省呢？你也许曾埋怨过自己不是名门出身，你也许曾苦恼过自己命运中的波折，你也许曾惋叹过自己行程中的坎坷。可是，你有没有正视过自己？对于一个生活的强者而言，出身只是一种符号，它和成功没有丝毫瓜葛，你又何必为此而斤斤计较？人生变动不居，又岂能无忧无虑、平静无波？生命的行程如果没有顽石的阻挡，又怎能激起美丽的浪花朵朵？

心灵感悟

平日里，我们只顾风尘满面地在尘世间奔波，步履匆匆，眼睛总是看着别人的美好，一不小心就忘了欣赏自己。命运是公正无私的，它给谁的都不会太多，多欣赏自己，你就会发现生活是如此美好，你的生活是如此幸福。

热情让生命流光溢彩

一个人如果对任何事情和任何人都冷漠，那么他的人生也会相当乏味。热情是让人生更加生动的催化剂。

热情所以有非凡的力量，因为它能给人激励、给人鼓舞。一个在工作中投入热情的人，常常不会感到疲倦、劳累，而且会常常觉得自己有使不完的力气，能够完成平时根本不可能完成的事情。

热情可以使你的人生获得一种向前的动力，它可以帮助你把自己的想象变成现实；而离开了热情，你即使有再大的潜能，也根本无力去实现它。

热情还有一个作用，它能够感染周围的人。他们目睹了你的热忱，不禁会被你带动，也会以同样的热情投入到生活中。

伯莱德在一家服装厂工作，依照他的学识，本来可以有更好的工作，但因为他的身体缺陷，他只能做一份不需要站立和行走的工作，因此，他成为一名缝纫工。但他并没有为此而苦恼，而是很热忱地投入这份工作中。每天，他都在休息时间给同事们讲笑话，在一天的工作结束后，他又"痴迷"于服装的设计，每天晚上，他都会躺在床上看服装设计类的书籍。在工厂里，他是个备受欢迎的人，就因为他为人热情、性格乐观。很快，他被厂长提升为服装设计师。

热情是生活中最缤纷多彩的部分，它可以驱走我们心底的阴郁、烦恼和不快。大家都喜欢和热情的人交往，因为他会带给人一种向上的精神，并创造一种"明亮"的氛围。因为热情，你就可以获得别人的欢迎，赢得很多朋友，你的人生也就会随之丰富多彩起来。

心 灵 感 悟

热情是这个世界上最伟大的财富，它远胜过金钱、权力和影响力。一个人拥有热情，就拥有了永不衰竭的生命力，同时也拥有了感染他人的力量。

灿烂地笑对生活

笑就是阳光，它能消除人们脸上的冬色。

20世纪30年代，有一位犹太传教士每天早晨总是按时到一条乡间土路上散步。无论见到任何人，他总是微笑着热情地打一声招呼："早安。"

其中，有一个叫米勒的年轻农民，对传教士这声问候起初反应冷漠。在当时，当地的居民对传教士和犹太人的态度是很不友好的。然而，年轻人的冷漠未曾改变传教士的热情，每天早上，他仍然向这个一脸冷漠的年轻人道一声早安。终于有一天，这个年轻人脱下帽子，也向传教士道一声："早安。"

好几年过去了，纳粹党上台执政。

这一天，传教士与村中所有的人被纳粹党集中起来，送往集中营。在下火车、列队前行的时候，有一个手拿指挥棒的指挥官，在前面挥动着棒子，叫道："左，右。"被指向左边的是死路一条，被指向右边的则还有生还的机会。

传教士的名字被这位指挥官点到了，他浑身颤抖，走上前去。当他无望地抬起头来，眼睛一下子和指挥官的眼睛相遇了。

传教士习惯性地脱口而出："早安，米勒先生。"米勒先生虽然没有过多的表情变化，但仍禁不住还了一句问候："早安。"声音低得只有他们两人才能听到。米勒先生看着传教士，犹豫了一秒钟，将指挥棒指向了右边，低声说："右。"

人是很容易被感动的，而感动一个人靠的未必都是慷慨的施舍、巨大的投入。往往一个热情的问候、温馨的微笑，就足以在人的心灵中洒下一片阳光。

不要低估了一句话、一个微笑的作用，它很可能使一个不相识的人走近你，甚至爱上你，成为开启你幸福之门的一把钥匙，成为你走上柳暗花明之境的一盏明灯。

心 灵 感 悟

微笑是一座情感沟通的虹桥，跨越时空障碍，使天堑变为坦途。它不同于语言和别的风俗，无论男女老少，无论任何民族、任何肤色、任何文化层次，都能心领神会，在此达成一致的认同。

保持心情的弹性

村里有一位善骑的、箭法好的猎人。一次，他看到一件有趣的事情。那一天，他偶然发现村里一位十分严肃的老人与一只小鸡在说话游戏。猎人好生奇怪，为什么一个生活严谨、不苟言笑的人会在没人时像一个小孩那样快乐呢？

他带着疑问去问老人，老人说："你为什么不把弓带在身边，并且时刻把弦扣上?"猎人说:"天天把弦扣上,那么弦就失去弹性了。"老人便说:"我和小鸡游戏,理由也是一样的。"

生活也一样,每天总有干不完的事。但是,你有没有仔细想过,如果天天为工作疲于奔命,最终这些让我们焦头烂额的事情也会超过我们所能承受的极限。

尤其是在当今社会,生活节奏不断加快,"时间"似乎对每个人都不再留情面。于是,超负荷的工作便给人造成不可避免的疾患。

因为人们的生活起居没了规律,所以患职业病、情绪不稳、心理失衡甚至猝死等一系列情况时有发生,给人们的生活、工作及心理造成无形的压力。

据有关统计,在美国,有一半成年人的死因与压力有关;企业每年因压力遭受的损失达 1500 亿美元——员工缺勤及工作心不在焉而导致的效率低下。在挪威,每年用于职业病治疗的费用达国民生产总值的 10%。在英国,每年由于压力造成 1.8 亿个劳动日的损失,企业中 60% 的缺勤是由于压力相关的不适引起的。

这时,需要我们换一种心情,轻松一下,学会放下工作,试着做一些其他的运动,以偷得片刻休闲,消去心中烦闷。记得有一位网球运动员,每次比赛前别人都会好好睡一觉,然后去练球,他却一个人去打篮球。有人问他,为什么你不练网球?他说,打篮球我没有丝毫压力,觉得十分愉快。对于他来说,换一种心态,换一种运动方式,就是最好的休闲。

千万别说自己没时间,我们都有时间,并且可以试着改变自己。当你下班赶着回家做家务时,不妨提前一站下车,花半小时,慢慢步行,到公园里走走。或者什么都不做,什么也不想,就是看看身边的景色,放松一下自己的心情,肯定会有意想不到的效果。

心 灵 感 悟

生活需要劳逸结合。游历名山大川并不是每个人都能办到的,但给自己一个空间,学会忙里偷闲,作片刻休息,则人人都能做到。

换种心情会怎样

生活中有些痛苦是外力强加的，但更多的痛苦是自己选择的，比如，强迫自己的内心去回忆痛苦的往事，这就是给自己强加的另一种痛苦。

多年以前，有一个女孩被强暴了，非常痛苦，就到庙里去烧香求签。看到女孩一脸悲伤，一位老和尚问她发生了什么事。

这个女孩哭了，她泣不成声地说："我好惨啊，我多么的不幸啊，我这一辈子都忘不了这件事情了……"

听罢她的陈述，老和尚对她说："这位小姐，你被强暴是你自愿的。"

这个女孩被老和尚的话吓了一跳，说："你说什么？我怎么可能自愿被强暴？"

老和尚对她说："你被他强暴了一次，但在你的心里，天天心甘情愿地被他强暴一次，那你一年下来，就被他强暴了 365 次。"

"这是什么意思呢？"女孩不解地问。

"在你身边发生了一件不好的事情，你好像看了一场不好的电影一样，天天在回想，这不是很笨的事情吗？这与重蹈覆辙有什么区别呢？你改变不了环境，但你可以改变自己；你改变不了事实，但你可以改变态度；你改变不了过去，但你可以改变现在；你不能控制他人，但你可以掌握自己；你不能预知明天，但你可以把握今天；你不可能样样顺利，但你可以事事尽心；你不能延伸生命的长度，但你可以决定生命的宽度；你不能左右天气，但你可以改变心情……"

心灵感悟

人生在世，谁都难免遭受一些意外的打击，当事情已经发生，并且无法挽回时，最好的办法是学会遗忘，改变心情，不要沉浸在没完没了的痛苦中。

按自己的曲子跳舞

有个富人，他一直想追求快乐、幸福和充实，为此，他总是紧随潮流。当市面上出现手机的时候，他立即就去买；当别人开始购买轿车的时候，他马上就开上了属于自己的小轿车。凡此种种，但他仍然快乐不起来，也感觉不到丝毫的幸福和满足。郁郁寡欢的他为了摆脱这种情绪，决定出门去散心。

有一天，他来到了一个很偏僻的少数民族村落，这里相对封闭，没有多少现代化的东西。可是，他发现村民们却活得非常快乐。一到晚上，人们吃罢晚饭，就在一片空地上点起篝火，一些人弹起欢快轻松的乐曲，男女老少便一起载歌载舞，直到尽兴才归。从他们的神态中，看不到一丝一毫的忧愁，你所能感受到的除了快乐，还是快乐。他们有什么值得快活的资本呢？他百思不得其解。

一天晚上，在村民们跳舞的间隙，他与一位当地的老人谈了起来，他问老人："为什么你们总是那么快乐？"老人听了他的话并没有马上回答，而是弹起了一首古老的曲子，老人对他说："你跳起来吧，但是，你一定要记住，不论我弹什么曲子，你都不要受影响，而是要学会按照你自己心中的那支曲子跳舞。我相信你肯定能知道什么是快乐。"就这样，他跳了起来，虽然，他跳得很累，而且没有受乐曲的一点影响，但是不知怎么回事，一场舞跳下来，他的心情却很轻松、很惬意，那是一种他从来也没有感受过的快乐。而就在他静下来的那一刹那，他心中突然一亮，老人真是高人，原来他是在告诉自己，一个人如果要想每天都有好心情，那就必须按自己的曲子跳舞。

心灵感悟

别人所有的，并不一定是自己所要的，而自己所要的，哪怕是别人一时不能理解的，只要能真正给自己带来好心情，就要坚持。按自己的曲子跳舞，锲而不舍地向自己的目标挺进。

弹奏乐观的心曲

英国作家萨克雷说："生活是一面镜子，你对它笑，它就对你笑，你对它哭，它也对你哭。"

的确，如果我们心情豁达、乐观，我们就能够看到生活中光明的一面，即使在漆黑的夜晚，我们也知道星星仍在闪烁。一个心理健康的人，思想高洁，行为正派，能自觉而坚决地摒弃病态的想法。我们既可以坚持错误、执迷不悟，也可以痛改前非、改过自新，这都取决于我们自己。这个世界是大家创造的，因此，它属于我们每一个人，而真正拥有这个世界的人，是那些热爱生活、乐观向上的人。也就是说，那些真正拥有快乐的人才能真正拥有这个世界。

但是快乐也是有成本的。要得到快乐，必须先磨炼自己的耐性，先付出艰苦和等待。我们必须先播下种子，然后用不求收获的、理智的心情去等待快乐的果实。

人的心理活动没有一刻的平静，间或兴奋、欢乐，间或沮丧、消极。快乐的人也有不幸与烦恼。有的人大部分的生活被消极情绪占领，或哀叹不已、灰心丧气，或牢骚满腹、怨天尤人，却不善于解脱排遣。

开朗的人的特点是把眼光盯在未来的希望上，把烦恼抛在脑后。培养乐观、豁达的性格，将会对你终生有益。

具有乐观、豁达性格的人，无论在什么时候，他们都感到光明、美丽和快乐的生活就在身边。他们眼睛里流露出来的光彩使整个世界都溢彩流光。在这种光彩之下，寒冷会变成温暖，痛苦会变成舒适。这种性格使智慧更加熠熠生辉，使美丽更加迷人灿烂。那种生性忧郁、悲观的人，永远看不到生活中的七彩阳光，春日的鲜花在他们的眼里也失去了娇艳，黎明的鸟鸣变成了令人烦躁的噪音，无限美好的蓝天、五彩纷呈的大地都像灰色的布幔。在他们眼里，生活仅仅是令人厌倦的、没有生命和没有灵魂的苍白。

　　乐观像一股永不枯竭的清泉，乐观像一首没有歌词的永无止境的欢歌。它使人的灵魂得以宁静，使人的精力得以恢复，使美德更加芬芳。人的精神、灵魂、美德都从这种愉悦的心情中得到滋润，尽管烦恼和不安总在时时吞噬着这种美好的心情，各种挫折和磨难会一点一滴地消耗它，但这如清泉甘露般的美丽心情永远不会枯竭，而是历久弥坚以至永远。

　　所以，要保持乐观的心态，微笑着面对生活。

心灵感悟

　　任何对客观环境的不满和怨天尤人都是无济于事的，只有以一种平和乐观的心态去面对生活、面对问题，才是最重要的。

品尝心灵的

静之趣

　　宁静是一种心态，是生命盛开的鲜花。宁静在心，在于修身养性。宁静无处不在。只要有一颗宁静之心，高朋满座时，不会忘乎所以；曲终人散时，不会郁结于心。成功之时，不得意忘形；失败之时，不心灰意冷。保持一颗安静的心，不为纷繁的事务所扰，也许会胜过劳累的追逐。

心平气和好做事

人的烦恼一半源于自己，即所谓画地为牢、作茧自缚。芸芸众生，各有所长，各有所短，争强好胜失去一定限度，往往受身外之物所累，失去做人的乐趣。只有承认自己某些方面不足，才能扬长避短，才能不因嫉妒之火吞灭心中的灵光。

让自己放轻松，就是心平气和地工作、生活。这种心境是充实自己的良好状态。充实自己很重要，只有有准备的人，才能在机遇到来之时不留下失之交臂的遗憾。淡泊人生是耐住寂寞的良方。轰轰烈烈固然是进取的写照，但成大器者，绝非热衷于功名利禄之辈。

俗语有"宰相肚里能撑船"之说。古人与人为善之美、修身立德的谆谆教诲却警示于世人，一个人若肚量大，性格豁达，方能纵横驰骋；若纠缠于无谓的鸡虫之争，非但有失儒雅，而且会终日郁郁寡欢，神魂不定。唯有对世事时时心平气和、宽容大度，才能处处契机应缘、和谐圆满。

如果一语龃龉便遭打击，一事唐突便种下祸根，一个坏印象便一辈子倒霉，这就说不上宽容，就会被别人称为"母鸡胸怀"。真正的宽容，应该是能容人之短，又能容人之长。对才能超过自身者，也不嫉妒，唯求"青出于蓝而胜于蓝"，热心举贤，甘做人梯，这种精神将为世人称道。

没有耐性的人，必定缺乏坚毅持久、克服万难的精神，自然成就不了什么伟大的事业。我们希望将来能有所作为，首先必须磨炼自己的耐心和毅力。

清廷派驻台湾的总督刘铭传，是建设台湾的大功臣，台湾的第一条铁路便是他督促修成的。刘铭传的被任用，有一则发人深省的小故事。

当李鸿章将刘铭传推荐给曾国藩时，还一起推荐了另外两个书生。曾国藩为了测验他们三人中谁的品格最好，便故意约他们在某个时间到曾府去面谈。可是到了约定的时刻，曾国藩却故意不出面，让他们在客厅中等候，自己却在暗中仔细观察他们的态度。只见其他两位都显得很不耐烦似的，不停地抱怨；只有刘铭传一个人安安静静、心平气和地欣赏墙上的字画。后来曾国藩考问他们客厅中的字画，只有刘铭传一人答得出来。

结果刘铭传被推荐为台湾总督。

"尽管在困难和压力的情境中仍不能很好地保持平静，但我至少能够在处于危机的时候做一些有建设性的事。有人认为我能够保持心情平静，是由于我总能以理智的态度来对待困难，想出许多解决的方法，并且把一些有意义的方法建设性地付诸实践行动。我自己也感到很惊讶，自从学会这种解决问题的小窍门后，我开始能够从容地面对困难和压力，甚至在我心烦意乱的时候也能从容应付。这使我认识到问题解决的方法是不再受焦虑困扰的'良药'。"一位知名跨国企业的 CEO 这样总结自己的成功秘诀。

这种经验使我们受益良多。可见，保持心平气和，付诸建设性的行动比焦虑更有意义。

心灵感悟

佛说："信心清静，乃生实相。"只有戒除浮躁，心如止水，才能鉴察万物的本来面目，才能收获真实而甘美的人生。

为心灵留下一片空白

很多时候，我们的内心都为外物所遮蔽、掩饰，浮躁的心情占领了我们的整颗心，因此在人生中留下许多遗憾：在学业上，由于我们还不会倾听内心的声音，所以盲目地选择了别人为我们选定的、他们认为最有潜力与前景的专业；在事业上，我们故意不去关注内心的声音，在一哄而起的热潮中，我们也去选择那些最为众人看好的热门职业；在爱情上，我们常因外界的作用扭曲了内心的声音，因经济、地位等非爱情因素而错误地选择了爱情对象……现代人惯于为自己做各种周密而细致的盘算，权衡着可能有的各种收益与损失。但是，我们唯一忽视的，便是去听一听自己内心的声音。

快节奏的生活、工作的压力容易使人心境失衡，如果患得患失，不能以宁静的心灵面对无穷无尽的诱惑，就会感到心力交瘁或迷惘躁动。

一位长者问他的学生：你心目中的人生美事为何？学生列出"清单"一张：健康、才能、美丽、爱情、名誉、财富……谁料老师不以为然地说：你忽略了最重要的一项——心灵的宁静，没有它，上述种种都会给你带来可怕的痛苦！

唯有心灵宁静，才不眼热权势显赫，不奢望金银成堆，不乞求声名鹊起，不羡慕美宅华第，因为所有的眼热、奢望、乞求和羡慕，都是一厢情愿，只能加重生命的负荷，加速心灵的浮躁，而与豁达康乐无缘。

老街上有一位老铁匠。由于早已没人需要打制的铁器，现在他改卖铁锅、斧头和拴小狗的链子。

他的经营方式非常古老和传统。人坐在门内，货物摆在门外，不吆喝，不还价，晚上也不收摊。你无论什么时候从这儿经过，都会看到他在竹椅上躺着，手里是一个半导体，身旁是一把紫砂壶。

他的生意也没有好坏之说，每天的收入正够他喝茶和吃饭。他老了，已不再需要多余的东西，因此他非常满足。

一天，一个文物商从老街经过，偶然看到老铁匠身旁的那把紫砂壶。因为那把壶古朴雅致，紫黑如墨，有清代制壶名家戴振公的风格，他走过去，顺手端起那把壶。

壶嘴内有一记印章，果然是戴振公的，商人惊喜不已。因为戴振公在世界上有捏泥成金的美名，据说他的作品现在仅存3件，一件在美国纽约州立博物馆里；一件在台湾故宫博物院；还有一件在泰国某位华侨手里，是1993年在伦敦拍卖市场上以16万美元的拍卖价买下的。

商人端着那把壶，想以10万元的价格买下它。当他说出这个数字时，老铁匠先是一惊，后又拒绝了，因为这把壶是他爷爷留下的，他们祖孙三代打铁时都喝这把壶里的水，他们的汗也都来自这把壶。

壶虽没卖，但商人走后，老铁匠有生以来第一次失眠了。这把壶他用了近 60 年，并且一直以为是把普普通通的壶，现在竟有人要以 10 万元的价钱买下它，他转不过神来。

过去他躺在椅子上喝水，都是闭着眼睛把壶放在小桌上，现在他总要坐起来再看一眼，这让他非常不舒服。特别让他不能容忍的是，当人们知道他有一把价值连城的茶壶后，蜂拥而至，有的问还有没有其他的宝贝，有的开始向他借钱，更有甚者，晚上来推他的门。他的生活被彻底打乱了，他不知该怎样处置这把壶。

当那位商人带着 20 万元现金，第二次登门的时候，老铁匠再也坐不住了。他招来左右店铺的人和前后邻居，拿起一把斧头，当众把那把紫砂壶砸了个粉碎。

现在，老铁匠还在卖铁锅、斧头和拴小狗的链子，据说他已经 102 岁了。

宁静可以沉淀出生活中许多纷杂的浮躁，过滤出浅薄粗率等人性的杂质，可以避免许多鲁莽、无聊、荒谬的事情发生。宁静是一种气质、一种修养、一种境界、一种充满内涵的悠远。安之若素，沉默从容，往往要比气急败坏、声嘶力竭更显涵养和理智。

我们很忙，行色匆匆地奔走于人潮汹涌的街头，浮躁之心油然而生，这也是我们不去倾听内心声音的一个缘由。我们找不到一个可以冷静驻足的理由和机会。现代社会在追求效率和速度的同时，使我们作为一个人的优雅在逐渐丧失。那种恬静如诗般的岁月对于现代人来说，已成为最大的奢侈和批判对象。内心的声音，便在这些繁忙与喧嚣中被淹没。物质的欲望在慢慢吞噬人的性灵和光彩，我们留给自己的内心空间被压榨到最小，我们狭隘到已没有"风物长宜放眼量"的胸怀和眼光。我们开始患上种种千奇百怪的心理疾病，心理医生和咨询师在我们的城市也渐渐走俏，我们去寻医、去求诊，然后期待在内心喑哑的日子里寻求心灵的平衡。

心灵感悟

忙碌和急躁是现代社会的一种通病，繁忙紧张的生活容易使人心境失衡，如果患得患失，不能以平和的心灵面对无穷无尽的竞争与诱惑，就会感到心力交瘁或迷惘躁动。

品味孤独

　　波澜万丈的生活激荡人心，令人心驰神往，但在人生的河流中，更多的则是平静，你总要学会一个人慢慢地享受人生，总会有那么一个时刻，你是孤独无助的。但不要害怕，因为这本身就是人生给你的最高馈赠，正如罗曼·罗兰所说："世上只有一个真理，便是忠实人生，并且爱它。"那么，当孤独来临时，去体味它、享受它，在欣赏完夏花的绚烂之后，不妨沉下心来，品读秋叶的静美。

　　孤独是一种难得的感觉，在感到孤独时轻轻地合上门和窗，隔去外面喧闹的世界，默默地坐在书架前，用粗糙的手掌爱抚地拂去书本上的灰尘，翻着书页嗅觉立刻又触到了久违的纸墨清香。正像作家纪伯伦所说："孤独，是忧愁的伴侣，也是精神活动的密友。"孤独，是人的一种宿命，更是精神优秀者所必然选择的一种命运。

　　布雷斯巴斯达曾经说过："所有人类的不幸，都是起始于无法一个人安静地坐在房间里。"洗尽尘俗，褪去铅华，在这喧嚣的尘世之中，要保持心灵的清静，必须学会享受孤独。孤独就像个沉默少言的朋友，在清静淡雅的房间里陪你静坐，虽然不会给你谆谆教导，但却会引领你反思生活的本质及生命的真谛。孤独时你可以回味一下过去的事情，以明得失；也可以计划一下未来，以未雨绸缪；你也可以静下心来读点书，让书籍来滋养一下干枯的心田；也可以和妻子一起去散散步，弥补一下失落的情感；还可以和朋友聊聊天，古也谈谈，今也谈谈，不是神仙，胜似神仙。

　　孤独实在是内心一种难得的感受。当你想要躲避它时，表示你已经深深感受到它的存在。此时，不妨轻轻地关上门窗，隔去外界的喧闹，一个人独处，细心品味孤独的滋味。虽然它静寂无声，却可以让你更好地透视生活，在人生的大起大落面前，保持一种洞若观火的清明和远观的睿智。

　　在人生的漫漫长路中，孤独常常不请自来地出现在我们面前。在广阔的田野上，在"行人欲断魂"的街头，在幽静的校园里，在深夜黑暗的房间中，你都能隐约感受到孤独的灵魂。

在现代社会中为生存而挣扎的人总会有一种身在异国他乡之感：冷漠、陌生，好像"站在森林里迟疑不定，未知走向何方"，好像"动物引导着自己"，"感到在众人中比在动物中更加危险"，又好像"独坐在醉醺醺的世人之中"，"哀诉"人间的不公正。总之，互相猜忌，彼此欺诈，黑暗笼罩着去路，危险隐藏在背后，这些就是现实人生的写照。

而保留一点孤独则可以使你"远看"事物，即"从事物远离"，对事物"作远景的透视"，只有这样才能达到万物合一、生命永恒的境界。在这种境界中，你"可以倾诉一切"，"可以诚实坦率地向万物说话"，"人们彼此开诚布公，开门见山"。这也是一种艺术审美的境界，它能"使事物美丽、诱人，令人渴慕"，使人成为自己的主人，使人生获得意义和价值。

尘世中，无数人眷恋轰轰烈烈，以拜金主义为唯一原则而没头没脑地聚集在一起互相排挤、相互厮杀。而生活的智者却总能以孤独之心看孤独之事，自始至终都保持独立的人格，流一江春水细浪淘洗劳碌之身躯，存一颗宁静淡泊之心，寄寓无所栖息的灵魂。

这是孤独的净化，它让人感动，让人真实又美丽，它是一种心境，氤氲出一种清幽与秀逸，营造出一种独处的自得和孤高，去获得心灵的愉悦，获得理性的沉思，与潜藏灵魂深层的思想交流，找到某种攀升的信念，去换取内心的宁静、博大致远的菩提梵境。

心灵感悟

许多人抱怨生活的压力太大，感到内心烦躁，不得清闲。于是，追求清静成了许多人的梦想，却害怕孤独。其实孤独才是人生中的一种大境界，它是一首诗，一道风景，值得细心品味。

修养心灵

一个皇帝想要整修京城里的一座寺庙,他派人去找技艺高超的设计师,希望能够将寺庙整修得美丽而又庄严。

后来有两组人员被找来了,其中一组是京城里很有名的工匠与画师,另外一组是几个和尚。

由于皇帝不知道到底哪一组人员的手艺比较好,于是就决定给他们机会做一个比较。

皇帝要求这两组人员各自去整修一个小寺庙,而这两个组互相面对面。三天之后,皇帝要来验收成果。

工匠们向皇帝要了一百多种颜色的颜料(漆),又要了很多工具;而让皇帝很奇怪的是,和尚们居然只要了一些抹布与水桶等简单的清洁用具。

三天之后,皇帝来验收。

他首先看了工匠们所装饰的寺庙,工匠们敲锣打鼓地庆祝工程的完成,他们用了非常多的颜料,以非常精巧的手艺把寺庙装饰得五颜六色。

皇帝满意地点点头,接着回过头来看看和尚们负责整修的寺庙。他看了一下就愣住了,和尚们所整修的寺庙没有涂上任何颜料,他们只是把所有的墙壁、桌椅、窗户等都擦拭得非常干净,寺庙中所有的物品都显出了它们原来的颜色,而它们光亮的表面就像镜子一般,无瑕地反射出从外面而来的色彩,那天边多变的云彩、随风摇曳的树影,甚至是对面五颜六色的寺庙,都变成了这个寺庙美丽色彩的一部分,而这座寺庙只是宁静地接受这一切。

皇帝被这庄严的寺庙深深地感动了,当然我们也知道最后的胜负了。

我们的心就像是一座寺庙,我们不需要用各种精巧的装饰来美化我们的心灵,我们需要的只是让内在原有的美,无瑕地显现出来。

如果你珍爱生命,请你修养自己的心灵。人总有一天会走到生命的终点,金钱散尽,一切都如过眼云烟,只有精神长存世间,所以人生的追求应该是一种境界。

在纷纷扰扰的世界上，心灵当似高山不动，不能如流水不安。居住在闹市，在嘈杂的环境之中，不必关闭门窗，只任它潮起潮落，风来浪涌，我自悠然如局外之人，没有什么能破坏心中的凝重。身在红尘中，而心早已出世，在白云之上，又何必"入山唯恐不深"呢？关键是你的心。

心灵是智慧之根，要用知识去浇灌。胸中贮书万卷，不必人前卖弄。"人不知而不愠，不亦君子乎？"让知识真正成为心灵的一部分，成为内在的涵养，成为包藏宇宙、吞吐天地的大气魄。只有这样，才能运筹帷幄之中，决胜千里之外，才能指挥若定、挥洒自如。

修养心灵，不是一件容易的事，要用一生去琢磨。心灵的宁静，是一种超然的境界！高朋满座，不会昏眩；曲终人散，不会孤独；成功，不会欣喜若狂；失败，不会心灰意冷。坦然迎接生活的鲜花美酒，洒脱面对生活的刀风剑雨，还心灵以本色。

心 灵 感 悟

宁静是生活的必需，倾听内心宁静的声音，原创力才不会枯竭，观察力才会敏捷，能看见别人看不到的盲点，能想到别人想不到的点子。

杂念缠身心难静

伟大的作家托尔斯泰曾讲过这样一个故事：有一个人想得到一块土地，地主就对他说："清早，你从这里往外跑，跑一段就插个旗杆，只要你在太阳落山前赶回来，插上旗杆的地都归你。"那人就不要命地跑，太阳偏西了还不知足。太阳落山前，他是跑回来了，但人已精疲力竭，摔个跟头就再没起来。于是有人挖了个坑，就地埋了他。牧师在给这个人做祈祷的时候说："一个人要多少土地呢？就这么大。"

人生的许多沮丧都因为你得不到想要的东西，其实，我们辛辛苦苦地奔波劳碌，最终的结局不是只剩下埋葬我们身体的那点土地吗？伊索说得好："许多人想得到更多的东西，却把现在所拥有的也失去了。"这可以说是对得不偿失最好地诠释了。

其实，人人都有欲望，都想过美满幸福的生活，都希望丰衣足食，这是人之常情。但是，如果把这种欲望变成不正当的欲求，变成无止境的贪婪，那我们就无形中成了欲望的奴隶了。在欲望的支配下，我们不得不为了权力、为了地位、为了金钱而削尖了脑袋向里钻。我们常常感到自己非常累，但是仍觉得不满足，因为在我们看来，很多人比自己生活得更富足，很多人的权力比自己大。所以我们别无出路，只能硬着头皮往前冲，在无奈中透支着体力、精力与生命。

扪心自问，这样的生活，能不累吗！被欲望沉沉地压着，能不精疲力竭吗！静下心来想一想：有什么目标真的非让我们实现不可，又有什么东西值得我们用宝贵的生命去换取？朋友，让我们斩除过多的欲望吧，用心品味宁静的生活吧。

心 灵 感 悟

宁静是福，生活在喧嚣吵闹的都市中的人们，可能更懂得宁静的弥足珍贵。与宁静的生活相比，追逐名利的生活是多么不值得一提。宁静的生活是在真理的海洋中，在激流波涛之下，不受风暴的侵扰，保持永恒的安宁。

找寻内在的平静

富有的农夫在巡视谷仓时，不慎将一只名贵的手表遗失在谷仓里，他在偌大的谷仓内遍寻不获，便定下赏金，要农场上的小孩到谷仓帮忙，谁能找到手表，就给他 50 美元。

众小孩在重赏之下，无不卖力地四处翻找，但是谷仓内满坑满谷尽是成堆的谷粒，以及散置的大批稻草，要在这当中找寻小小的一只手表，实在是大海捞针。

小孩们忙到太阳下山仍无所获，便一个接着一个放弃了 50 美元的诱惑，一起回家吃饭去了。只有一个贫穷的小孩，在众人离开之后，仍不死心地努力找着那只手表，希望能在天黑之前找到它，换得那笔巨额赏金。

谷仓中慢慢变得漆黑，小孩虽然害怕，仍不愿放弃，手上不停摸索着，突然他发现，在人声静下来之后，出现了一个奇特的声音。

那声音"嘀嗒、嘀嗒"不停响着，小孩登时停下所有动作，谷仓内更安静了，嘀嗒声也显得十分清晰。小孩循着声音，终于在偌大的漆黑谷仓中找到那只名贵手表。

人生会遭遇许多事，其中很多是难以解决的，这时很多人心中便被盘根错节的烦恼纠缠住，茫茫然不知如何面对。如果能静下心来思考，往往会恍然大悟。保持一颗安静的心，不为纷繁的事务所扰，也许会胜过劳累的追逐。

心灵感悟

当人把自己变得太复杂时，往往多吃了一些苦头，多跑了一些冤枉路。当我们将心思归于单纯时，很多深奥的道理和现象，反倒可以轻易地领悟出来。

放松的艺术

当我们紧张时，身体上和情绪上通常有耗尽的感觉：嘴巴会觉得干，身体会觉得衰弱，神经也是绷紧的。只有当我们放松和表达情绪之后，才能得到一个比较平顺的状态。有时候我们甚至会被眼泪淹没，或溶于欲望当中。当我们处于休息和平静的状态时，我们的行为和感觉就不会杂乱无章地发生，而是呈现一种和谐的流动。无止息的水舞（生命的普遍象征）可以被视为是健康快乐的状态。

古代瑜伽文献建议人们可以在靠近瀑布、河流和湖边做静心冥想。荣格有许多对湖的描述："那湖向远方一直延伸出去，那广博的水面给我一种令人难以置信的愉悦，一种令人无法抗拒的光彩。这一刻，我在心中有了一个想法，我一定要住在湖边。我想如果没有水，没有人可以活下去。"

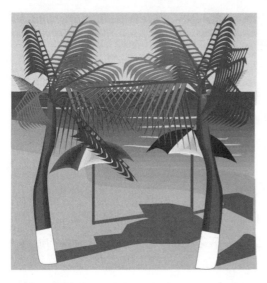

我们从洗澡、游泳、海洋景观所得到的快乐证明了我们和水之间深厚的关系——或许这呼唤起我们在母亲子宫羊水的状态，或者也和潜意识自己有如海洋般深不可测的意象有关吧。

这样的想法指出水在放松中的特殊价值，经由感官，或以下提供的练习可以更直接地体验到。我们也应该考虑其他的因素，像空气虽有较多限制，但是也可以被想象成和飞行及云联系在一起；风或微风可以被用来作为感官练习的基础。

在一个安静的房间里舒适地躺下来，举起你的手臂，甩甩手，然后让手臂自然地在身体两侧垂下来，闭上眼睛，想象你正躺在海边一个空旷的沙滩上。

潮水正涌过来，小小浪花轻拍你的脚和脚踝，慢慢地移动你的身体，让它浸在浅水里。当海水继续上升时，让自己感觉漂浮起来，并被有节奏的海潮带入海里。

感觉缓缓起伏的海浪在你下面汹涌，你随着海潮的起伏而滑动。

让你的身体正面朝上，想象你正在一个浪头上，当浪潮下降，你在明亮的海水隧道中翻滚着。

现在你被浪冲回岸边，躺在舒服温暖的沙滩上。不要动，此刻享受一下在自由和兴奋交替之后的宁静。

心 灵 感 悟

在生活中，我们每个人都承受着巨大的压力，常常在工作了一天后觉得疲惫不堪。这时我们迫切需要的就是放松自己，好好地休息一下。

恬静的心房

　　人们为自己寻找退避之所：乡间、海边、山上的房子，我们也一定非常希望得到这样的房子。殊不知，还有一种更佳的退避之法，这就是无论何时你想退避独处时，其力量是在你自己手里。一个人想退到更安静、更能免于困扰的地方，莫过于退入自己的灵魂之中，特别是沉静在平静无比的思维里。

　　我们每一个人都需要有一间恬静的房子，像是海洋深处不受干扰的安静中心，可以无视海面兴起的惊涛骇浪。

　　内心的恬静房子，是用想象力建造而成的，它的功能就像消除心理压力的一间厢房一样。它能消除我们的忧虑与压力，使我们精神焕发，而能更充分地准备应付未来发生的事情。

　　相信每一个人的内心都有一个恬静的中心，从不受外界的影响，像轮轴的数学中心点一样，永远保持固定不动。我们所要做的，就是去发掘这个内心安静的中心点，并且定期地退到里面去休息、静养，重整活力。

　　进入这个宁静中心的最好方法，是用想象力建造一间心理的小房间，用我们最恬静、最清新的一切材料来装潢它：或是美丽的风景，如果我们喜欢绘画；或是一册我们喜爱的小诗，如果我们喜欢诗歌；墙上的颜色是我们所喜欢、愉悦的颜色，但是应该选择宁静色彩的淡蓝色、浅绿、黄色、金色。这间房间的装潢要简洁而不纷乱，要干净且井然有序。简单、安静、美丽是3个主要的方针。这间房间要有安乐椅，从小窗望出去可以看到美丽的海滩，可以看到拍击海滩又退回去的海浪，但是我们听不到声音，因为我们的房间很静。

心灵感悟

　　找一天静静地思考一下，从混沌无常的感觉中解放出来，让头脑得到彻底的净化，这样我们才能够更加精神抖擞地面对生活。

心灵瑜伽

把思维集中在两眼的中间位置，想象你窥见灵魂中心，中心被白色的光所包围，倾听灵魂深处发出的声音。当你坐在那儿时，你可以想象很多事情。此时，你的心也许是朵缓慢开放的鲜花。你还可以在想象中到达你所期望到达的一个安静的所在，那是一片远离了人群的白色海滩，或者是一座山中的小木屋。

你还可以用念颂词的方式来集中精力。任何你认为重要的词语都可以当作颂词，像"爱"、"平静"，以至于像人人都叫出的一声"呼"、"吸"。如果你心里不断重复同一句颂词，你也就可以借此使思维活动集中起来，或者将杂乱无章的思绪从头脑中清除出去。反复在心里默念，不仅可以帮助你减轻心灵的重负，而且还有助于你达到更高层次的自我意识，并修得一种心灵和智慧的通透，达到一种物我两忘的境界。这就是瑜伽内心修炼的要旨。其实，瑜伽不只是一种修炼的方式，更是一种人生的态度，一种豁达的胸襟和如水随形般的达观境界。

我们能够通过静思逐渐认识自己。我们与家人住在一起时可以静思，工作时也同样可以静思。如果我们经常进行反思，也就能逐渐清醒地认识到我们所做事情的价值。这种自我意识应比其他任何东西都更能使我们摆脱令人厌倦的工作。没有这种发自内心的自我意识，多数人会在生活中随波逐流，不明白自己做事的目的。

你无须定时定点，每天只用几分钟静坐沉思便可以了。

就像平时静思那样坐好，集中精力在每一呼吸动作上，然后去想象爱、容忍、仁慈逐渐将你包围，占据你的整个心灵，使你感到爱的温暖，犹如置身于爱的怀抱中。在这种感觉和温暖中呼吸，让它延伸到全身，使全身都感觉到温暖。你可以按自己的愿望，长时间地享受这种情感，而不停地做深呼吸。每一次呼吸都给你带来心灵更多的爱。做完之后，你会感到心情更加平静，更安详，更充满爱心。

这种寂静太美妙了，它把你与外部世界联系在一起，这一点在你不断遭受到外界噪音刺激时是无法做到的。在下一次有机会时，你不妨试一试。晚上回到家后，不要忙着开电视，如果你是一人独处，那种没有人"做伴儿"的感觉也许很可怕，但如果你这样过几天，经过一个过渡性的阶段，你就有可能使自己适应了。听听外面来自大自然的声音。早晨也不要打开电视机，享受一下安宁和温馨，听一听自己心灵的感受。

你还可以就在家里为自己辟出一个清静的地方，安排一个夜晚，独自一人静静地待在家里；有可能的话，再去为自己安排一个一人独享的安静的周末。当然，假如你是独自生活，安排起来会容易得多，不过如果你的家人同你合作，你也能办到。全家人在一起也可以在家里享有一个寂静的地方，没必要花许多钱躲到外面去找清静。

这时，你会发现，当你每天使喧闹声消失后，你就会更充分自由地享受悦耳的声音。在某个晚上放一段美妙的乐曲，在没有不和谐的噪音中，可以尽情地欣赏它。你还可以花点时间和你喜欢的人交谈，用心去听他说的每一句话，而不去听电视节目里对你来说毫无意义的饶舌。如果你有孩子，可以听听他们的戏谑玩耍和他们对世界的认识。

心 灵 感 悟

环境影响心态。快节奏的生活，无节制地对环境的污染和破坏以及令人难以承受的噪声，等等，都让人难以宁静。环境的搅拌机随时都可以把人们心中的宁静撕个粉碎，让人遭受浮躁、烦恼之苦。然而，生命的本身是宁静的，只有内心不为外物所惑，不为环境所扰，才能做到像陶渊明那样身在闹市而无车马的喧闹。

心灵空幽如谷

内心的平静是智慧的珍宝、长久努力自律的成果，它呈现出丰富的经验与不凡的真知灼见。

人们认为自己的想法愈益成熟而变得沉稳，要有这样的体认必须了解别人亦是如此。他若有正确的体认，借着因果道理愈来愈透彻明白事物的关联性，便不再惊慌失措、焦虑悲伤，而是稳重镇定、从容沉着。

冷静的人，因为学会自制，知道如何配合别人，而别人相对的也会敬重他的风范，从中学习并仰赖他。一个人愈是冷静，他的成就、影响力愈大，力量愈持久。头脑普通的生意人若能更自制与沉着，会发觉自己的生意日益兴隆，道理即因一般人喜欢与看来稳重的人交易买卖。

这种从容沉着的高尚个性是修身养性最难的课题，也是生命的花朵、心灵的成果，它与智慧同样珍贵、比黄金更令人垂涎——没错，上等黄金也比不上它。与恬静的生活——在吵嚷俗世中，安身立命于真理之中，获得永恒的平静——相比，汲汲营营于赚钱显得多么微不足道啊！

要获得实权与平静的不二法门便是自制、自治与自清。若受自己的性情支配，则会感到自己受缚、不悦，而且毫无用武之地。若能克服束缚自己的琐碎好恶、任性爱恨、愤怒、怀疑、妒忌，以及种种善变的情绪，成功挑战这项任务，便能将幸福与成功的金丝织入生活的罗网中。

若你受内心多变的情绪左右，则你需要他人或外力协助你踏稳生活的步伐。一旦自行踏稳了步伐且稍有成就时，则需学习克服并面对诸多干扰和妨碍。每天都应该练习修养心灵，亦即所谓的"进入静谧"。此方法能排除烦忧，换来平静，且化弱为强。若非做到这点，你无法成功地以心灵力量直捣问题核心，并经营生活。

关键便在于，如何将涣散的力量导向汇集的方向。这好比将四处流窜的污水引至一条挖掘好的渠道，化贫瘠为沼泽地、为金黄玉米田，或丰收的果园。因此，镇定平静之人，若能制服导引内心所思，不论在精神上或生活上，两者皆受益良多。

心 灵 感 悟

心灵的平静是智慧美丽的珍宝，它来自于长期、耐心的自我控制。心灵的平静意味着一种成熟的经历，以及对事物规律的不同寻常的了解。

让心灵

诗意地栖居

　　美到处都有，对于生活，不是缺少美，而是缺少发现美丽的眼睛。在人生的路上装一颗探求的心灵，携一份悠闲淡泊的神思，看一看人间的百态，品一品世间的甜苦，听一听鸟鸣虫嘶，嗅一嗅芳草鲜花，不做高深的评论，只需用心去感触，去领悟，你就会发现五彩缤纷的人生。

走慢一些，幸福在你身旁

　　父子俩一起耕作一片土地。一年一次，他们会把粮食、蔬菜装满那老旧的牛车，运到附近的镇上去卖。但父子二人相似的地方并不多。老人家认为凡事不必着急，年轻人则性子急躁、野心勃勃。

　　一天清晨，他们套上了牛车，载满了一车子的粮食、蔬菜，开始了旅程。儿子心想他们若走快些，当天傍晚便可到达市场。于是他用棍子不停催赶牛车，要牲口走快些。

　　"放轻松点，儿子，"老人说，"这样你会活得久一些。"

　　"可是我们若比别人先到市场，我们便有机会卖个好价钱。"儿子反驳。

　　父亲不回答，只把帽子拉下来遮住双眼，在牛车上睡着了。年轻人很不高兴，愈发催促牛车走快些，固执地不愿放慢速度，他们在快到中午的时候，来到一间小屋前面，父亲醒来，微笑着说："这是你叔叔的家，我们进去打声招呼。"

　　"可是我们已经慢了半个时辰了。"儿子着急地说。

　　"那么再慢一会儿也没关系。我弟弟跟我住得这么近，却很少有机会见面。"父亲慢慢地回答。

　　儿子生气地等待着，直到两位老人慢慢地聊足了半个时辰，才再次启程，这次轮到老人驾牛车。走到一个岔路口，父亲把牛车赶到右边的路上。

　　"左边的路近些。"儿子说。

　　"我晓得，"老人回答，"但这边路的景色好多了。"

　　"你不在乎时间？"年轻人不耐烦地说。

　　"噢，我当然在乎，所以我喜欢看漂亮的风景，把时间都享受起来。"

　　蜿蜒的道路穿过美丽的牧草地、野花，经过一条清澈河流——这一切年轻人都视而不见，他心里翻腾不已，十分焦急，他甚至没有注意到当天的日落有多美。

　　他们最终也没有在傍晚赶到。黄昏时分，他们来到一个宽广、美丽的大花园。老人呼吸芳香的气味，聆听小河的流水声，把牛车停了下来。"我们在此过夜好了。"

"这是我最后一次跟你做伴，"儿子生气地说，"你对看日落、闻花香比赚钱更有兴趣！"

"对了，这是你这么长时间以来所说的最好听的话。"父亲微笑着说。

几分钟后，父亲开始打呼噜——儿子则瞪着天上的星星，长夜漫漫，儿子好久都睡不着。天不亮，儿子便摇醒父亲。他们马上动身，大约走了一里路，遇到一个农民正在试图把牛车从沟里拉上来。

"我们去帮他一把。"老人低声说。

"你想浪费更多时间？"儿子有点生气了。

"放轻松些，孩子，有一天你也可能掉进沟里。我们要帮助有所需要的人——不要忘了。"

儿子生气地扭头看着一边。

等到另一辆牛车回到路上时，已是大天亮了。突然，天上闪出一道强光，接下来似乎是打雷的声音。群山后面的天空变得一片黑暗。

"看来城里在下大雨。"老人说。

"我们若是赶快些，现在大概已把货卖完了。"儿子大发牢骚。

"放轻松些……这样你会活得更久，你会更享受人生。"仁慈的老人劝告道。

到了下午，他们才走到俯视城镇的山上。站在那里，看了好长一段时间。两人都不发一言。

终于，年轻人把手搭在老人肩膀上说："爸，我明白您的意思了。"

他把牛车掉头，离开了那从前叫作广岛的地方。

心灵感悟

天下熙熙皆为利来，天下攘攘皆为利往。古往今来，多少人争名于朝、争利于夕，殚精竭虑。但是，人之于宇宙，不过是一过客而已，所以，放慢你的脚步，你会发现前所未见的美景。

肥皂泡里看到彩虹

一个对生活极度厌倦的绝望少女，她打算以投湖的方式自杀。在湖边她遇到了一位正在写生的画家，画家专心致志地画着一幅画。少女厌恶极了，她鄙薄地睨了画家一眼，心想：幼稚，那鬼一样狰狞的山有什么好画的！那坟场一样荒废的湖有什么好画的！

画家似乎注意到了少女的存在和情绪。他依然专心致志、神情怡然地画，一会儿，他说："姑娘，来看看画吧。"

她走过去，傲慢地睨视着画家和画家手里的画。

少女被吸引了，竟然将自杀的事忘得一干二净，她真是没发现过世界上还有那样美丽的画面——他将"坟场一样"的湖面画成了天上的宫殿，将"鬼一样狰狞"的山画成了美丽的、长着翅膀的女人，最后将这幅画命名为"生活"。

少女的身体在变轻，在飘浮，她感到自己就是那袅袅婀娜的云……

良久，画家突然挥笔在这幅美丽的画上点了一些麻乱的黑点，似污泥，又像蚊蝇。少女惊喜地说："星辰和花瓣！"

画家满意地笑了："是啊，美丽的生活是需要我们自己用心发现的呀！"

《我希望能看见》一书的作者彼纪儿·戴尔是一个几乎瞎了50年之久的女人，她写道："我只有一只眼睛，而眼睛上还满是疤痕，只能透过眼睛左边的一个小洞去看。看书的时候必须把书本拿得很贴近脸，而且不得不把我那一只眼睛尽量往左边斜过去。"

可是她拒绝接受别人的怜悯，不愿意别人认为她"异于常人"。小时候，她想和其他的小孩子一起玩跳房子，可是她看不见地上所画的线，所以在其他的孩子都回家以后，她就趴在地上，把眼睛贴在线上瞄过去瞄过来。她把她的朋友所玩的那块地方的每一点都牢记在心，不久就成为玩游戏的好手了。她在家里看书，把印着大字的书靠近她的脸，近到眼睫毛都碰到书本上。她得到两个学位：先在明尼苏达州立大学得到学士学位，再在哥伦比亚大学得到硕士学位。

她开始教书的时候，是在明尼苏达州双谷的一个小村里，然后渐渐升到南德可塔州奥格塔那学院的新闻学和文学教授。她在那里教了13年，也在很多妇女俱乐部发表演说，还在电台主持谈书和作者的节目。她写道："在我的脑海深处，常常怀着一种怕完全失明的恐惧，为了克服这种恐惧，我对生活采取了一种很快活而近乎戏谑的态度。"

然而在她52岁的时候，一个奇迹发生了。她在著名的梅育诊所施行了一次手术，使她的视力提高了40倍。一个全新的、令人兴奋的、可爱的世界展现在她的眼前。

她发现，即使是在厨房水槽前洗碟子，也让她觉得非常开心。她写道："我开始玩着洗碗盆里的肥皂泡沫，我把手伸进去，抓起一大把肥皂泡沫，我把它们迎着光举起来。在每一个肥皂泡沫里，我都能看到一道小小彩虹闪出来的明亮色彩。"

当我们去审视和扣问自己的心灵，能否像彼纪儿·戴尔那样在肥皂泡沫中看到彩虹？生活中的阴云和不测、不知会使多少人活在自怨自艾的边缘，许多人早已习惯了用抱怨和悲伤去迎接生命的各种遭遇，由于自身内心世界的阴晦，使得原本明朗的生活变得泥泞而毫无希望。想想象彼纪儿·戴尔这样的人吧！也许我们可以在她们身上学到点什么。用心去感受你眼中的可爱世界吧，阳光下洗碗盆的肥皂泡沫都是五彩缤纷的。

心灵感悟

生活的美与丑，全在我们自己怎么看，如果你将心中的丑陋和阴暗面彻底放下，然后选择一种积极的心态，懂得用心去体会生活，就会发现，生活处处都美丽动人。

感应大自然

现在可以说是个高速发展的时代，同时也是个充满苦痛的时代。尤其是都市里的噪音及紧张更令人难以忍受，如今这种疾病甚至已扩散到乡村。

有一个夏天的下午，桑尼夫人与她的朋友到森林游玩，到达之后，就暂时在优美的墨享客湖山上小房子中休息；这里位于海拔2500米的山腰上，是美国最美的自然公园。

在公园的中央还有一宝石般的翠湖舒展于森林之中。墨享客湖就是"天空中的翠湖"之意，在几万年前地壳大变动时，造成了高高的断崖。

她朋友的眼光穿过森林及雄壮的崖岬，轻移到丘陵之间的山石，刹那间光耀闪烁、千古不移的大峡谷猛然照亮了她的心灵，这些美丽的森林与沟溪就成为滚滚红尘的避难所。

那天下午，夏日混合着骤雨与阳光，乍晴乍雨，她和她的朋友全身湿淋淋的，衣服贴着身体，心里开始有些不快，但是她和她的朋友仍彼此交谈着。慢慢地，整个心灵被雨水洗净，冰冰凉凉的雨水轻吻着脸颊，霎时引起从未有过的新鲜快感，而亮丽的阳光也逐渐晒干了衣服，话语飞舞于树与树之间，谈着谈着，静默来到她和她的朋友之间。

她们用心倾听着四方的宁静。当然，森林绝对不是安静的，在那里有千千万万的生物活动着，而大自然张开慈爱的双手孕育生命，但是它的运作声却是如此的和谐平静，永远听不到刺耳的喧嚣。

在这个美丽的下午，大自然用慈母般的双手熨平她们心灵上的焦虑、紧张，一切都归于和平。

当她们正陶醉于优美的大自然乐章之中时，一阵急速的乐曲突然刺激着耳膜，那是令人神经绷紧的爵士乐曲。伴随着音乐，有3个年轻人从树丛中钻出，原来是其中一位年轻男孩提着一架收音机。

这些都市中长大的年轻人不经意地用噪音污染了森林，真是大煞风景！不过他们都是善良的青年，并在她和她的朋友身旁围坐着，快乐地交谈。

本想劝3个年轻人关掉那些垃圾音乐，静静聆听大自然的乐曲，但是一想并没有规劝他们的权利。最后还是任由他们，直到他们离去，消失在森林之中为止。试想，大自然的音乐多美！风儿轻唱着，小鸟甜美地鸣啼……这种从盘古开天以来最古老的音乐绝非人类用吉他与狂吼能制造出来的旋律，而他们竟然舍本逐末，白白浪费大好的自然资源，委实令人惋惜。

心 灵 感 悟

当我们不由自主地走近大自然，被清爽的风吹着，嗅着花草的香气，心情就会渐渐地开朗。欣赏大自然带给我们的壮观美景，感谢大自然赐予我们的宽广胸襟，一切苦闷和阴影都会散去，心情会更加舒畅。

绿色的安慰

大自然传达诗意的感觉。凝视自然地形、色彩变化、地质构造、自然的香味和声音，我们可以获得和大自然融合为一的感觉。让眼睛看向远方的地平线，我们就能放松生活压力的焦点。适度地离开熙熙攘攘的尘嚣世界，接近大自然，享受大自然带给我们的乐趣，也是品味生活的良好方式。

一对年轻美国夫妇在繁华的纽约市中心居住。时间一长，觉得生活就像部运转的机器，虽然总是在忙忙碌碌地转着，但太千篇一律了，即使是那些花样繁多的休闲娱乐项目，也像是麦当劳、肯德基等那些快餐一样，只能满足一时的胃口，过后很少会有余香留下。于是他们决定去乡下放松放松，他们开车南行，到了一处幽静的丘陵地带，看见小山旁有个木屋，木屋前坐了一个当地居民。那个年轻的丈夫就问乡下人："你住在这样人烟稀少的地方，不觉得孤单吗？"

那乡下人说："你说孤单？不！绝不孤单！我凝望那边的青山时，青山给我一股力量。我凝望山谷，每一片叶子包藏着生命的秘密。我望着蓝色的天，看见云彩变幻成壮丽的城堡。我听到溪水潺潺，好像向我细诉心灵。我的狗把头靠在我的膝上，从它的眼中我看到忠诚和信任。这时我看见孩子们回家了，衣服很脏，头发蓬乱，可是嘴唇上却挂着微笑，叫我'爸'。我觉得有两只手放在我肩上，那是我太太的手，碰到悲愁和困难的时候，这两只手总是支持着我。所以我知道上帝总是仁慈的，你说孤单？不！绝

不孤单！"这绝对是一种最佳的回答。能怀着感恩的心态去品味一切，并和周遭的事物融为一体，喜悦和幸福的感觉便会在内心滋长。下次当你凝视天际时，想象你眼睛的肌肉已释放所有的紧张，想想如此一来对你有多好。如同风景画中的人物，我们得以用更宽广的角度看自己，并调整我们看事情的角度。在古典浪漫时期，面对大自然的渺小感几乎是令人害怕的，今天我们对于飞流直下的瀑布或高耸的悬崖峭壁依然感到敬畏。即使在一个温和平静的风景中，我们看自己的方式不同了，我们的问题似乎显得比较简单，或觉昨天的事不过是幻象罢了。奇妙之事继续发生：我们花越多时间在大自然美景中，就有越多的焦虑消失掉。

自然宁静的效果部分和绿荫有关，心理作用上和休息联想在一起。如果你有一个小小的庭院，试着在院中种满不同叶形、不同颜色的植物。当然，花匠可以提供很好的服务，但是你可能宁愿自己修剪树叶，或自己动手采集果实和种子，做做园艺什么的。你可能放着花园某个角落不整理，作为鸟儿和昆虫的天堂。认识你种植的植物或花的名称，去认识它们个别的个性，同时学习它们的学名和俗名，并大声念出那些奇怪的章节，想象它们像种子一样躺在你心灵中的花园。

这样你的心灵会变得诗意、浪漫起来。

心灵感悟

大自然具有无穷无尽的美，大自然也是人类的知心朋友，在你心灵空虚时，只要你走进自然，感受它优美的风景，你的心很快就会愉快起来，并获得无限的美的享受。

在行走中顿悟

走的意义全在于不停地感知和丰盈。

在行走中顿悟，包含了一个追求真我的妙趣。

一辆公交车行驶在路上，车到中途抛锚了，乘客们只好纷纷下来步行。他们有的怨声载道，有的骂声迭迭，唯有一位鹤发童颜的老人心平气和，气度优游，好一番明媚的心情！别的乘客低着头匆匆地赶往目的地，哪怕是青年人也毫无生气和活力。而老人倒是相反，信步而行，态度悠闲，意趣盎然，偶尔抬头看看蓝天白云，竟有一番仙风道骨。

老人的"另类"行为感染了匆匆的人群。为什么其他人行色匆匆，老人却气定神闲？

生活中，我们习惯了拖着长长尾气的汽车、预先设置好轨道的火车，抑或是飞机，抑或是轮船，最差也是那充满杂技风情的自行车，但我们却忘记了行走。我们习惯于车马，却在失去依赖之时陷入了迷惘，我们不知道怎样结束现在的迷惘，找到来时的路。

因为我们维持着习惯，就像戴着沉重的枷锁，时间长了，竟不觉得它是重的，反而还很惬意。

其实，生命的节奏就像河流的奔涌，有急有缓，既有"星垂平野阔，月涌大江流"的舒缓从容，又有"乱石穿空，惊涛拍岸，卷起千堆雪"的激烈紧迫。一张一弛，生活之道也。哪能一味地急迫，一味地悠闲？一味地急迫，生命就显得狭窄了；一味地悠闲，生命就显得虚无。只有急缓相当，张弛有度，方为人生大境界。

当我们低头匆匆而行的时候，我们不但在心底种下了怨懑的种子，还忽略了沿途风光秀美的景色。春花的蓬勃灿烂，夏雨的专注猛烈，秋月的寂寥淡远，冬雪的晶莹无瑕，小溪的吟唱，蟋蟀的弹奏，鸟儿的放歌……一切都与我们擦肩而过，失之交臂。那么，我们生活的目的还有什么？

当我们静下心来，放慢脚步，竟会发现周围的景色原来这么美。这就是我们天天经过，熟悉得不能再熟悉的路途吗？几年如一日，怎么竟未发现过？

我们的心里涌起莫大的悲哀，于是开始细细地欣赏，美美地体味起来。

也许我们放弃了舟马，但收获了滋润的心灵；疲惫了身体，却点燃了追寻的激情。我们背负着五彩的梦想，出发在不知终点的行程。

也许，我们不需要绿茶红茶的亲近，只需在大漠深处绝望边缘来一口甘泉。我们是满足的，心里有无穷无尽的快意，向映着夕阳的晚空大吼一声，让天上的飞鹰也感受到我们的快乐。

心 灵 感 悟

行走着，装一颗探求的心灵，携一份悠闲淡泊的神思，看一看人间的百态，品一品世间的甜苦，听一听鸟鸣虫嘶，嗅一嗅芳草鲜花，不做高深的评论，只需用心去感触，去领悟，你就会发现五彩缤纷的人生。

享受诗意人生

一位得知自己将不久于人世的老先生，在日记簿上记下了这样一段文字：

"如果我可以从头活一次，我要尝试更多的错误，我不会再事事追求完美。"

"我情愿多休息，随遇而安，处事糊涂一点，不对将要发生的事处心积虑地计算着。其实人世间有什么事情需要斤斤计较呢？"

"可以的话，我会多去旅行，跋山涉水，再危险的地方也要去一去。以前不敢吃冰淇淋，是怕健康有问题，此刻我是多么的后悔。过去的日子，我实在活得太小心，每一分每一秒都不容有失，太过清醒明白，太过合情合理。"

"如果一切可以重新开始，我会什么也不准备就上街，甚至连纸巾也不带一块，我会放纵地享受每一分、每一秒。如果可以重来，我会赤足走出户外，甚至彻夜不眠，用这个身体好好地感觉世界的美丽与和谐。还有，我会去游乐场多玩几圈木马，多看几次日出，和公园里的小朋友玩耍。"

"只要人生可以从头开始，但我知道，不可能了。"

美国诗人惠特曼说："人生的目的除了去享受人生外，还有什么呢？"

林语堂说过："我总以为生活的目的即是生活的真享受……是一种人生的自然态度。"

生活本是丰富多彩的，除了工作、学习、赚钱、求名，还有许许多多美好的东西值得我们去享受：可口的饭菜、温馨的家庭生活、蓝天白云、花红草绿、飞溅的瀑布、浩瀚的大海、雪山与草原等等大自然的形形色色。

此外还有诗歌、音乐、沉思、友情、谈天、读书、体育运动、喜庆的节日……

甚至工作和学习本身也可以成为享受，如果我们不是太急功近利，不是单单为着一己利益，我们的辛苦劳作也会变成一种乐趣。让我们把眼光从"图功名"、"治生产"上稍稍挪开，去关注一下上帝给予我们生命、生活中的这些美好。

努力地工作和学习，创造财富，发展经济，这当然是正经的事。享受生活，必须有一定的物质基础。只有衣食无忧，才能谈得上文化和艺术。饿着肚子，是无法去细细欣赏山灵水秀的，更莫说是寻觅诗意。所以，人类要努力劳作，但劳作本身不是人生的目的，人生的目的是"生活得写意"。一方面勤奋工作，一方面使生活充满乐趣，这才是和谐的人生。

我们说享受生活不是说要去花天酒地，也不是要去过懒汉的生活，吃了睡，睡了吃。这不是享受生活，而是糟蹋生活。

享受生活是要努力去丰富生活的内容，努力去提升生活的质量。愉快地工作，也愉快地休闲。散步、登山、滑雪、垂钓，或是坐在草地或海滩上晒太阳。在做这一切时，使杂务中断，使烦忧消散，使灵性回归，使亲伦重现。用乔治·吉辛的话说，是过一种"灵魂修养的生活"。

> 我们会工作、会学习，但如果不会真正享受生活，这对于我们来说，是人生的一大遗憾。学会享受生活吧，真正去领会生活的诗意、生活的无穷乐趣，这样我们工作起来，学习起来，也就会感到更有意义。

让青春永驻心田

日本许多商界要人，都喜爱一篇短短的散文，散文的题目叫《青春》，作者塞缪尔·厄尔曼。

厄尔曼1840年生于德国，儿时随家人移居美利坚，参加过南北战争，之后定居伯明翰，经营五金杂货，年逾70开始写作。

《青春》一文，仅寥寥400字：

青春不是年华，而是心境；青春不是桃面、丹唇、柔膝，而是深沉的意志、恢宏的想象、炽热的感情；青春是生命的深泉涌流。

青春气贯长虹，勇锐盖过怯弱，进取压倒苟安。如此锐气，二十后生有之，六旬男子则更多见。年岁有加，并非垂老；理想丢弃，方堕暮年。

岁月悠悠，衰微只及肌肤；热忱抛却，颓废必致灵魂。忧烦、惶恐、丧失自信，定使心灵扭曲，意志如灰。

无论年届花甲，抑或二八芳龄，心中皆有生命之欢乐，奇迹之诱惑，孩童般天真久盛不衰。

人的心灵应如浩渺瀚海，只有不断接纳美好、希望、欢乐、勇气和力量的百川，才能青春永驻、风华长存。

一旦心海枯竭，锐气便被冰雪覆盖，玩世不恭、自暴自弃油然而生，即便年方二十，实已垂垂老矣；然则只要虚怀若谷，让喜悦、达观、仁爱充盈其间，你就有望在八十高龄告别尘寰时仍觉年轻。

此文一出，不胫而走，以至代代相传。第二次世界大战期间，麦克阿瑟与日军角逐于太平洋时，将此文镶于镜框，摆在写字台上，以资自勉。

日本战败,此文由东京美军总部传出,有人将它灌成录音带,广为销售,甚至有人把它揣在衣兜里,随时研读。

多年后,厄尔曼之孙、美国电影发行协会主席乔纳斯·罗森菲尔德访问日本,席间谈及《青春》一文,一位与宴者随手掏出《青春》,恭敬地说:"乃翁文章,鄙人总不离身。"主客皆万分感动。

1988年,日本数百名流聚会东京、大阪,纪念厄尔曼的这篇文章。松下电器公司创始人松下幸之助感慨地说:"20年来,《青春》与我朝夕相伴,它是我的座右铭。"欧洲一位政界名宿也极力推荐:"无论男女老幼,要想活得风光,就得拜读《青春》。"

一个人从生到死,都会经历从年少到年迈的过程,青春是上帝赋予我们的权利,但却被大多数人所滥用。关于青春的定义,许多人会有不同的理想,然而明亮的色彩却一直是它的主旋律。

我们如果把大好的年华浪费,那更是辜负了青春的期盼。无论何时何地,遇到怎样的事情,始终要保持一颗年轻的心,这才是青春的要义。

心灵感悟

人的心灵就如一方沃土,要辛勤地耕耘其中,才能获得盎然的生机。反之,如果放任自流,任其自生自灭,再肥沃地土地最后也只会一片荒芜。

用心感受每分每秒

从前,托蒂是个电影导演,一个只知道从早忙到晚,不会享受片刻安宁的工作狂,一个只想用工作来填满自己生活中分分秒秒的典型人物。而现在,他似乎变成了另一个人。对于眼下每一刻能够享受的幸福时光,他都在心底由衷地感谢一位名叫莱娜的年轻女子。

认识莱娜还是10年前春天的事。那时,曾经与病魔作了4年不懈斗争的她坚信自己已经战胜了缠身已久的绝症，并且开始着手计划未来美好的蓝图。托蒂想用一部电影来表现她积极抗病、顽强求生的治疗过程，以此证明一个被顽症缠身的人如何能学会乐观积极地生活。

然而，就在此时，一个打击突然袭来，从她的电话中，他得到一个很糟的消息。"我的日子不多了，"莱娜在电话中对他讲，"但我希望，我们能共同把这部影片拍完。我愿尽可能长时间地与你们在摄影机前交谈。"

放下电话，托蒂立刻带上摄影师和录音师赶到她家。她正坐在一张藤椅里，微笑着迎接他们。

也许由于心情紧张，托蒂一时有些手足无措，她倒显得异常平静。"我享受着每一天宝贵的时光，好像从来没有这么意识强烈，全身心投入地去体验眼下的一切美好事物，包括我们现在的会面。"她声音清晰愉悦，真诚、坦率地向他展开她全部的内心世界。

"现在我才知道，爱的真正含义是什么。"莱娜说，"与我从前想象的相比较，那是全然不同的一种感觉。就连性，我也有着从前未曾体验到的感受。现在对我来说，那是一种全身心的接近，两心相通、静静斯守的美妙感觉。"

在莱娜去世前的几天，托蒂曾经问起她："假如命运允许你再重新活一次。你愿意做些什么呢？"她的回答给他的生活开启了一个全新的方向。

"我愿更多地和我自己生活在一起。每一天都要为自己留出一段可以独处的宝贵时光。更有意识地去观察体验自我和身处的环境。"

莱娜毫无惧色地告别了短暂人生，离开了这个世界。

与莱娜的会面，开启了托蒂对生活的思索，并从中获得了积极的意义。

如今，他已学会不再那样茫然无视生活中的分秒光阴、细微事物了。当雨点洒落在身上时，他会尽兴地在雨中散步；当樱花盛开的美妙时节，他会沉浸到自然中，痛痛快快地捕捉每一缕芬芳，尽情地享受一种孩童般的欢乐。

"如果上天再给我一次机会……"很可惜，上天只给了我们每人一次生命。工作固然重要，但那只不过是外在要求，我们的内心靠单纯的工作绝不会滋润。珍惜每一刻的快乐时光，我们才能在生命的终点少些后悔。

人生就像一辆单程的列车，一旦开过就永远不再回头。我们与其在生命的尽头才后悔人生的单调、苍白，倒不如在旅途的过程中，用心感悟分分秒秒的时光。

有裂缝的水罐

印度有一个人住在山坡上。家里用的水得到山坡下一条小溪边去挑上来，天天挑，习惯了也不觉得太吃力。他挑水用两个瓦罐，有一个买来时就有一条裂缝，而另一个完好无损。完好的水罐总能把水从小溪边满满地运到家，而那个破损的小罐走到家里时，水就只剩下半罐了，另外一半都漏在路上了。因此，他每次挑水挑到家都只有一罐半。这样一天天过去，过了两年，那只完好的水罐不仅为自己的成就，更为自己的完美而感到骄傲。但那个可怜的有裂缝的水罐，则因为自己天生的裂缝而感到十分惭愧，心里一直很难过。

两年后的一天，有裂缝的水罐在小溪边对用它挑水的那印度人说："我为自己感到惭愧，我总觉得对不起你。"

"你为什么感到惭愧？"挑水人问。

"过去两年中，在你挑水回家的路上，水从我的裂缝渗出，我只能运半罐水到你家里。你花去了挑两罐水的气力，却没有得到你应得的两满罐水。"水罐回答说。

挑水人听水罐这样说，心里很难过，他同情地对它说："在我回家的路上，我希望你注意，留神看看小路旁边那些美丽的花儿。"

当他们上山坡时，那个破水

罐看见太阳正照着小路旁边美丽的鲜花，这美好的景象使它感到快慰。但到了小路的尽头，它仍然感到伤心，因为它又漏掉了一半的水，于是它再次向用它挑水的人道歉。但是挑水人却说："难道你没有注意到，刚才那些美丽的花儿只长在你这一边？那是因为我早就已知道你有裂缝，我是在利用你的裂缝。我在你这边撒下了花种，每天我们从小溪边回来的时候，从你裂缝中渗出的水就浇灌了花苗。这山上的小路很多，却不见有第二条小路像我们这条小路这样，有一边是开满了鲜花的，不是吗？"

完好的水罐为自己的完美感到骄傲，而那个天生有裂缝的水罐则自卑、惭愧。而挑水人却有一颗博爱而浪漫的美好心灵，他不但不嫌弃有裂缝的水罐，反而利用它的裂缝，令小路上开满了鲜花。

无论生活把什么样的东西赐予给你，你都能用一颗诗意与美的心灵，去发现美，创造美。

心 灵 感 悟

美的神奇力量来自于自己的心灵。只要你拥有一颗美丽的心灵，那么无论你的人生遭遇什么样的情况，你都能够让它焕发光彩。

回归大自然

中国古代有位大诗人杜甫，他一生热爱大自然，把大自然当作最好的医生。他曾经写过这样的一首诗："清江一曲抱村流，长夏江村事事幽。自去自来梁上燕，相亲相近水中鸥。老妻画纸为棋局，稚子敲针作钓钩。多病所需唯药物，微躯此外更何求。"

这首诗的大意是：人有了病之后，不要精神不振，更不要失去生活的信心，自寻烦恼。要多去环境幽静的地方散心解闷，看一看自由自在的飞燕，相亲相爱的鸥鸟，寻找生活中的乐趣，这样便可心悦而减少疾病。另外，要治病，除了吃药外，还可以下棋以怡心，钓鱼以安神。

如果你把自己融入大自然中，大自然就会敞开心胸，把日月星辰、山山水水、花草树木、飞禽走兽、空气海洋无私地赐给你，就看你会不会热爱它，会不会利用它。如果你热爱它、亲近它，就能与其和谐相处，并且拥有万贯金钱买不到的健康。

现代人大多生活在大都市中，平时接触的都是高楼大厦，车水马龙的人流，他们远离大自然，完全生活在钢筋水泥筑成的城市森林中，时间长了，就会有许多的烦恼。城市污浊的空气和浮躁的气氛对我们的健康是非常不利的，利用闲暇走出城市，走进自然，相信你一定能收获很多。

某地有个远近闻名的长寿村，那里环境幽美，树木茂盛，空气清新，泉水甘甜。据说，当地一个小村庄，百岁以上的老人就有 50 多人，下地干活的八旬老翁屡见不鲜。

有位健康专家到那里做了深入调查后，得出的结论是：这儿之所以生病的人少，长寿的人多，全都是大自然的恩赐。

大自然是造物主赐给人类的最高享受，谁能与大自然亲近，谁就能拥有健康。所以，希望你能把休闲的地点更多地放在大自然里，而不是咖啡厅或其他聚会场所。

大自然是这个世界的营养，我们所有人的身心都需要它的滋补。当然，在今日的地球上，真正原封未动的自然景观已所剩无几，而且会变得越来越少，我们所说的大自然只不过是由于地理或气候的限制而得以幸存下来，或由于人为的保护还能局部地存在下去的区域。大自然的本意是指纯粹的自然状态，但在今天，这样的自然状态更多的是在现代人的文化有色眼镜下呈现出来的景观。远古洪荒时的荒野是会吞没人的，它使生存于其中的人感到恐怖。作为发展着的人则力图克服障碍，它实在也没什么美可言。只是在人走出了野蛮状态，同自然有了分隔，开始从文明的高台上远眺自然，或偶尔离开人群步入林莽，走出城市而奔向远郊的时候，才会对它产生神往和惊叹。这是人对自身宿世足迹的追忆，是一种返璞归真的心态。对生活在荒野之外的现代人来说，荒野的美感冲动主要是人皆有之的新奇感，是暂时摆脱了日常生活状态的轻松心情，也是城镇居民需要花钱去买的奢侈享受。

朋友们，请走出城市，走进自然吧，那里将给你们提供最丰富的营养。

我们来自于大自然，只有回归大自然，我们才能找到本真的自己。这正如爱默生所说的："人是一种活动的植物，他们像树一样，从空气中得到大部分的营养。如果他们总是守在家里，他们就憔悴了。"

把生活当成艺术

有一次，英国游客杰克到美国观光，导游说西雅图有个很特殊的鱼市场，在那里买鱼是一种享受。和杰克同行的朋友听了，都觉得好奇。

那天，天气不是很好，但杰克发现市场并非鱼腥味刺鼻，迎面而来的是鱼贩们欢快的笑声。他们面带笑容，像合作无间的棒球队员，让冰冻的鱼像棒球一样，在空中飞来飞去，大家互相唱和："啊，5 条旗鱼飞往明尼苏达去了。""8 只蜂蟹飞到堪萨斯。"这是多么和谐的生活，充满乐趣和欢笑。

杰克问当地的鱼贩："你们在这种环境下工作，为什么会保持愉快的心情呢？"

鱼贩说，事实上，几年前的这个鱼市场本来也是一个没有生气的地方，大家整天抱怨，后来，大家认为与其每天抱怨沉重的工作，不如改变工作的品质。于是，他们不再抱怨生活的本身，而是把卖鱼当成一种艺术。再后来，一个创意接着一个创意，一串笑声接着另一串笑声，他们成为鱼市场中的奇迹。

女作家玛利·韦伯说："不论你爱好什么都可以，但是，你总得有所爱好。"因为你有所爱好，精神才会有所寄托，心灵才有所附着。至于这一位女作家自己，她本身所爱好的有两样：一是大自然，一是文学。她那并不宽敞的园圃内，四季开满了可爱的花卉，她晨昏守望在花园里，内心充满了不可言喻的喜乐。她为了使人分享到她园中的芳馨，同时，更为了以极诗意的工作来减轻丈夫生活的重负，她常是黎明即起，将一些带露的花朵剪了下来。放置在挑筐里，背负到城中去叫卖，往往在午前才能回到家中。有时她中途遇雨，回来时满头满身都湿淋淋的，但她并不以为意，一边用帕子拭着她头上额间的雨水同汗珠，一边笑着对她的家人说："我已经完成了一件美的工作了！"

然后，她走到她的书桌边，展开纸，拿起笔，才写了没有几行，看看天已将午，她便又匆匆地赶到厨房，将面粉调好，做成饼子，放在火上焙烤着，随即，擦擦手上的面粉，又拿起她的笔来。当她文思潮涌，写得正起劲的时候，一阵阵的焦味就自厨房的锅子里飘了进来。她望着身边的丈夫，带着几分歉意地笑笑，赶紧跑到炉边。她的丈夫对她也极能体贴，饼子即使烤焦了，他也仍然觉得好吃，因为他深深地了解他那个年轻的妻子，知道她爱自然，爱文学，同时，更爱他，为了她这种种的"爱"，做丈夫的便轻轻地原谅了她——那个可爱的妻子兼愚笨的厨娘。

玛利·韦伯在那样艰苦的环境下，却能生活得那样快乐，那完全是由于她的精神有所寄托。所以，她穷困到步行数十里到城中去卖花时，她繁忙到写几行文稿就要到厨房里去翻看面饼时，她的内心仍不怨不尤，她只说："我已经完成了一件美的工作！"她只向她的丈夫发出带歉意的甜美的笑容。

她懂得生活，了解生活的艺术，倾心于美的、崇高的、有意义的事物与工作，最后，她的生活的本身就变成了艺术！破陋的屋子、粗劣的饮食，有什么关系呢？不合时的旧衣裳、繁累的苦作，又有什么关系呢？什么能阻拦住一颗纯真、纯朴而快乐的心灵，向往那最崇高的美的境界，如同云游鸟逍遥地飞向高空。

心灵感悟

把生活当成艺术，用一颗艺术的心灵去对待生活，善于采撷生活中点点滴滴的情趣，生活会把美好的一面回馈给你。

散文人生

有人说，人生就像一首诗，朦胧深邃，单纯凝练，充满跳跃和偶然，但人生更像一篇充满诗情的散文，因为它有着无数张力的语义点，有着开放宽容的境界，有制约全篇意蕴的"潜结构"，观照它也就体验着人生之美了。此样的人生，犹如浓缩的历时画卷，可以让人感受着生活，感受着生命，感受着人生的春夏秋冬。

人生与其说是时间的流逝，不如说是时间的展现，可以接通天地，融贯古今。历史有时就凝于一瞬，如马背上的拿破仑，这一瞬不就是人生的辉煌吗！另一方面，歌德的《浮士德》、塞万提斯的《堂吉诃德》却永存于世，历史唯其这般丰富才会如此多彩。四季样的人生，才会斑斓，才会多姿。春的盎然、夏的热烈、秋的繁茂、冬的凋零。既有秋天里的春天，又有冬天里的夏日。人生之美令我们无限趋近，精卫填海、普罗米修斯受难、西西弗斯滚石上山、夸父逐日……这人生不竭的追求不就是此岸之美的"潜结构"吗？它如散文的神韵、文章的气势，它体现着一种心态：我们不可能永葆青春，却可拥有青春的境界，这样来观照人生便是审美了。

好散文是要大手笔来写的，情寄八荒之表，抚四海于须臾，天马行空，纵横捭阖，汪洋恣肆，如孔子的沐风咏而归，孟子养浩然之气，庄子鹏程九万里，那是怎样傲然壮阔的人生，那是诗的人生，更是散文的人生。可旷达，可傲岸，可真性情，可独立不倚，可行吟汨罗，可金刚怒目，可长啸竹林；可烟雨浩渺，可樱桃芭蕉，可含情脉脉，可炊烟袅袅，可不同心态的共时呈现，可融人生的诸种体验，这不就是散文的境界吗？这不就是浓缩了的生命的展示吗？

散文的人生犹如四季自然的更替，可悲欢离合，可甜酸苦辣，可独白，可对话，可承受生命之重，可体验人生之本真。四季样的人生，才可展示岁月的风采、时代的变迁，生命的花才会美丽。四季如春，固然美妙，可那样的人生不单调吗？失去了想象力的生活就丧失了审美，又怎能体验到春的喜悦！四季样的人生就会有各自的节奏，各自的主旋律，这样的人生才会奏出自由、美妙的乐章，唯此散文的人生才会于发展中寻求彼此的共振默契。

散文的人生不只有湖的平静，也有海的汹涌；不止有美，也有力！四季样的人生，就要有四季的色彩，不唯历时顺延而且共时展现。少年意气不识愁滋味，中流击水，以浪遏飞舟的英姿谱写明丽的诗篇。既可有闲庭信步，运筹帷幄的从容与睿智、闲适，亦可抒童稚之趣。

四季样的人生，才是散文的人生，才会有自然的纯、生命的真、诗意的审美！

心灵感悟

人生散文，散文人生。散文人生的"形"可以五彩缤纷，各有形态，但散文的"神"却是一致的，那就是对人生真善美的追求。

在平凡中采撷情趣

我们的生活可以很平凡，很简单，但是不可以缺少情趣。一个懂得简单生活的人可以从做家务、教育孩子、为配偶购买情人节礼物等平凡的生活细节中体验到生活的快乐。

小张是一个大三的穷学生。一个男生喜欢她，同时也喜欢另一个家境很好的女生。在他眼里，她们都很优秀，他不知道应该选谁做妻子。有一次，他到小张家玩，她的房间非常简陋，没什么像样的家具。但当他走到窗前时，发现窗台上放了一瓶花——瓶子只是一个普通的水杯，花是在田野里采来的野花。

就在那一瞬，他下定了决心，选择小张作为自己的终身伴侣。促使他下这个决心的理由很简单，小张虽然穷，却是个懂得如何生活的人，将来无论他们遇到什么困难，他相信她都不会失去对生活的信心。

小白喜欢时尚，爱穿与众不同的衣服。她是被别人羡慕的白领，但她却很少买特别高档的时装。她找了一个手艺不错的裁缝，自己到布店买一些不算贵但非常别致的料子，自己设计衣服的样式。在一次清理旧东西时，一床旧的缎子被面引起了她的兴趣——这么漂亮的被面扔了怪可惜的，不如将它送到裁缝那里做一件中式时装。想不到效果出奇的好，她的"中式情结"由此一发而不可收：她用小碎花的旧被套做了一件立领带盘扣的风衣；她买了一块红缎子稍作加工，就让她那件平淡无奇的黑长裙大为出彩……

小王是个普通的职员，过着很平淡的日子。她常和同事说笑："如果我将来有了钱……"同事以为她一定会说买房子买车子，而她的回答是："我就每天买一束鲜花回家！"不是她现在买不起，而是觉得按她目前的收入，到花店买花有些奢侈。有一天她走过人行天桥，看见一个乡下人在卖花，他身边的塑料桶里放着好几把康乃馨，她不由得停了下来。这些花一把才开价5元钱，如果是在花店，起码要15元，她毫不犹豫地掏钱买了一把。

这把从天桥上买回来的康乃馨，在她的精心呵护下开了一个月。每隔两三天，她就为花换一次水，再放一粒维生素C，据说这样可以让鲜花开放的时间更长一些。每当她和孩子一起做这一切的时候，都觉得特别开心。

生活中还有很多像小张、小白、小王这样懂得生活艺术的人，他们懂得在平凡的生活细节中拣拾生活的情趣。亨利·梭罗说过："我们来到这个世上，就有理由享受生活的快乐。"当然，享受生活并不需要太多的物质支持，因为无论是穷人还是富人，他们在对幸福的感受方面并没有很大的区别，我们可以通过摄影、收藏、从事业余爱好等途径培养生活情趣。卡耐基说过，生活的艺术可以用许多方法表现出来。没有任何东西可以不屑一顾，没有任何一件小事可以被忽略。一次家庭聚会，一件普通得再也不能普通的家务都可以为我们的生活带来无穷的乐趣与活力。

心灵感悟

假如生活是甜美的，我们固然含着笑意来享受它；假如生活是酸苦的，我们也要扮着鬼脸来调剂它。而假如生活是平淡的呢？那我们就静下心来品味它。

永葆一颗平常心

在人生旅途上如果顺其自然，以真正的随缘之心去生活，那么，即使是千山万水的跋涉，也是平常生活的一种形式而已。"历经千山万水"是不必刻意追求或拒绝的。可见，重要的不是有意经营生活，决定自己去追求或拒绝"千山万水"，而是安于自己的缘分，保持真正的平常心，有了这种能力之后，生活才能给你带来智慧和幸福。

平平淡淡才是真

一对老夫妇谈恋爱的时间是 1967 年元月，当时全国政局一片混乱，百姓苦不堪言。

那时候，粮店里的米与副食店里的肉、豆腐和百货店里的肥皂、布匹，以及煤铺里的煤等生活物资均要凭票供应，普通人家的生活清苦至极。男方的家在城郊的小菜园里，用现在的话来说，那里是当地的蔬菜基地。

女孩第一次"访地方"（当地将女方到男方家里去了解情况称为"访地方"）时，男方留她和媒婆吃中饭。菜很简单。只有两道：几个荷包蛋外加一碗萝卜丝。其中，那几个鸡蛋是向邻居借的，萝卜则是自己种的。

在回家的路上，媒婆说男方人穷又小气，劝漂亮的女孩不要嫁过来。女孩却说男方煮的萝卜丝很好吃，说明他很能干。

过了一段时间，当女孩一个人再次来找男孩时。男孩刚好捉了一些鲫鱼。招待女孩的菜仍然是两道，除了油煎鲫鱼外，还有一碗红烧萝卜，吃饭时，女孩称赞男孩的萝卜做得很有特色，并说自己很喜欢吃萝卜。男孩说："是吗？你下次来我请你吃另一种口味的萝卜。"

在后来的来往中，女孩尝尽了男孩所制的不同口味的萝卜：清炒萝卜、清炖萝卜、白焖萝卜、糖醋萝卜、麻辣萝卜、萝卜干和酸萝卜等等。

再后来，女孩就成了这些萝卜的俘虏，嫁给了男孩。

当有人质问老太太当时为何不嫁给那些有条件煮肉、炖鸽、杀鸡、烧鱼的男人，却嫁给只会烹饪萝卜的人时，老太太说："当时我认为，一个男人，在那种清贫的日子里竟能够把一种普通的萝卜烹饪出甜酸苦辣咸等几种不同的味道而令我大饱口福、弥久难忘，我想他同样能够将清贫的日子调理得色彩斑斓。谈婚论嫁，既要注重眼前，更要注重将来。这不，如今我和他结婚已 30 多年了，你看我们吵了几次架？更不像某些同龄人那样动不动就闹离婚。日子虽然过得平淡了一点，但平淡中更能见真情！"

老太太说得不错，在我们的日常生活中，愈是具有平常心的人，生活愈能幸福，而那些整日斤斤计较、患得患失的人反而苦恼无穷。做人应有一颗平常心。

平常心贵在平常，波澜不惊，生死不畏，于无声处听惊雷，平常心是一种超脱眼前得失的清静心、光明心。贫贱不能移，富贵不能淫，威武不能屈。安贫乐富，富亦有道。无论处于何种环境下，都能拥有平常心，那一定是个了不起的人，就如老太太所赞美的，不是个圣人，也是个贤人。只要我们努力，就能够以平常心去对待纷杂的世事和漫长的人生，至少也能够做到以平常心跨越人生的障碍。

所以平常心，看似平常，实不平常。

心 灵 感 悟

当你用一颗平常心去对待生活时，你就会发现：真情，就在你身边。平常心是颗理解、宽容、忍让的心，就是欢乐别人的欢乐，痛苦别人的痛苦，喜悦别人的喜悦。多一分理解和关爱，世界就多一分真善美。

宝贵的平常心

生活是多彩的。在大千世界、芸芸众生中，我们经常看到截然不同的两种处事方式：在成功的掌声和鲜花面前，有的人以此为动力攀登不息，有的人则飘飘然而踟蹰不前；在挫折和打击面前，有的人卧薪尝胆、再度崛起，有的人则万念俱灰、一蹶不振；在权力面前，有的人如履薄冰，谨慎从事，有的人则目空一切、得意忘形……究其原因，无外乎是否拥有一颗平常心。

1898 年，居里夫妇发现镭后，1903 年 12 月，居里夫妇因此而共同获得了诺贝尔物理学奖。此后世界各地纷纷来信索求制镭的方法。怎样处理这件事呢？某个星期日的早晨，他们进行了 5 分钟的谈话。彼埃尔·居里平静地说："我们必须在两种决定之中选择一个。一种是毫无保留地叙述我们的研究结果，包括提炼办法在内……"居里夫人做了一个赞成的手势说："是，当然如此。"彼埃尔继续说："或者我们可以以镭的所有者和发明者自居。若是这样，那么，在你发表你用什么方法提炼铀沥青矿之前，我们须先取得这种技术的专利执照，并且确定我们在世界各地制镭业上应有的权利。""专利"代表着巨额的金钱、舒适的生活，代表着可以为子女留下一大笔遗产……但是，居里夫人坚定地说："我们不能这样办，这违背科学精神。"无疑，如果居里索要专利，可以获得巨大财富。

居里因意外去世后，居里夫人坚强地一个人担负起了两个人的工作，并设法做得更好，她的工作条件依然很艰苦，而且，还要经受着外界的讽刺和挑战。经过 10 个月的刻苦钻研，又一次成功地得出了新的关于放射性元素的实验论证，有力地驳斥了另一位化学家的错误论断和挑战。这一次的研究成果也再次受到世界科学界的重视。1911 年，瑞典科学院的评判委员会，再次授予她诺贝尔化学奖，并取得"镭王后"的称呼。

1921 年，居里夫人应邀访问美国时，美国妇女组织主动捐赠给她1克镭（价值 100 万美元以上），这正是她急需的。她虽然是镭的发现者，但她买不起这样昂贵的金属。在赠送仪式之前，当她看到"赠送证明书"上写着"赠给居里夫人"字样时，她不高兴了。她声明说："这个证书还需要加以修改。美国人民赠给我的这 1 克镭应当永远属于科学，但是假如就这样规定，这1克镭就成为私人财物，成为我的女儿们的产业，这是绝对不行的。"主办者当天晚上就请了一位律师，把证书做了修改，居里夫人才在"赠送证明书"上签了字。

伟大常常起于平凡，杰出的人常常不为名利所动。居里夫人两次获得 20 世纪学者的最高荣誉，18 次获得国家奖金，她还被授予 117 个名誉头衔，独步科学尖端。对于名利，居里夫人总能保持一种平常的态度，从不为得到的荣誉而自满。面对命运中巨大的艰辛和荣誉，居里夫人常常谦逊地说：

"的确有过一些凄风苦雨的日子，那也是我一生中最难耐的时光。回想起来使我感到欣慰的是，我堂堂正正地昂起头颅脱身出来。"连爱因斯坦都赞誉她说："在所有的著名人物中，居里夫人是唯一不为荣誉所颠倒的人。"

居里夫人曾自豪地说："我没有给孩子们留下万贯家产，但给他们留下了健康的身体。"后来她的两个女儿，一个荣获了诺贝尔化学奖，一个曾著《居里夫人传》，都成为对社会有杰出贡献的人。居里夫人凭借对事业的执着和对科学精神的坚持，战胜了一个又一个科学上和生活中的难题，不仅为人类科学的进步做出了杰出的贡献，更为人们树立了一个做人的楷模。平常心并不是与生俱来的，它是经历磨难、挫折后的一种心灵上的感悟，一种精神上的升华。人的内心会时常由于外物的变化而起伏波动，能在如今这样瞬息万变的世界中，保持一个平常性情，"不以物喜，不以己悲"，宠辱不惊，实在是一种了不起的人生境界。

平常心，实不平常。事事平常，事事也不平常。

无论处于何种环境下，都能拥有平常心，那一定是个了不起的人。只要我们努力，是能够以平常心去对待纷杂的世事和漫长的人生的，至少也能够做到以平常心跨越人生的障碍。

在我们的日常生活中，愈是具有平常心的人，生活愈能幸福，而那些整日斤斤计较，患得患失的人反而苦恼无穷。做人应有一颗平常心。

心灵感悟

平常心不是"看破红尘"，也不是消极遁世。平常心是一种境界。平常心是一种积极的心态。平常心是一种超脱眼前得失的清静心、光明心。

以平常心观不平常事，则事事平常。不以物喜，不以己悲。

人生如吃饭

人生如吃饭，看似简单，却有着深远的寓意在里面。

保罗去向一位老人请教一些关于人生的问题。

老人告诉保罗："人生其实很简单，就跟吃饭一样，把吃饭的问题搞明白了，也就把所有的问题都搞明白了。"

保罗一时没有领会："人生像吃饭这么简单？"

老人不紧不慢地说："就这么简单，只不过用嘴吃饭人人都无师自通，用心吃饭则有一定难度，即使名师指点也未必有几个能学得会。

"聪明者为自己吃饭，愚昧者为别人吃饭；聪明者把吃饭当吃饭，愚昧者把吃饭当表演；聪明者吃饭既不点得太多，也不点得太少，他知道适可而止，能吃多少，就点多少，他能估计自己的肚子；愚昧者则贪多求全、拼命点菜，什么菜贵点什么，什么菜怪点什么，等菜端上来时又忙着给人夹菜，自己却刚吃几口就放下了。

"他们要么就是高估了自己的胃口，要么就是为了给别人做个'吃相文雅'的姿态；聪明者付账时心安理得，只掏自己的一份；愚昧者结账时心惊肉跳，明明账单上的数字让他心里割肉般疼痛，却还装出面不改色、心不跳的英雄气概，宛然他是大家的衣食父母；聪明者只为吃饭而来，没有别的动机，他既不想讨好谁，也不会得罪谁；愚昧者却思虑重重，既想拼酒量，又想交朋友，还想拉业务，他本来想获得众人的艳羡，最后却南辕北辙、弄巧成拙，不是招致别人的耻笑，就是引来别人的利用。吃饭本是一种享受，但是到了他这里，却成为一种酷刑。

"吃饭跟人生何其相似！人生在世，光怪陆离的东西实在太多，谁也无法说出哪些是好的，哪些是不好的，哪些值得追求，哪些不值得追求，哪种模式算成功，哪种模式算是失败，唯一能说明白的也许只有三点：第一，自己的事情自己承担，不要麻烦任何人为你代劳，也不要抢着为任何人代劳；第二，要多照顾自己的情绪，少顾忌他人的眼色，太多地顾忌别人，把自己弄得像演员，实在是一件出力不讨好的事情；第三，凡事最好量需而行、量力而行，不要订太高的目标。就像吃饭，你有多大胃口、多少钱，就点多少菜，千万不要贪多求全。"

心灵感悟

　　人生如吃饭，饭要自己吃才能尝出味道，生活也要自己感受才能体会到其中的快乐。人生原本是一种享受，有的人却要处处虚伪，甚至于打肿脸充胖子。他们认为这才是品位，才是面子，才是交往，其实虚伪的表演很容易被看穿，随之而来的只能是轻视。

控制好自己的欲望

　　现今的社会是一个科技发达、物质丰富、充满竞争的社会，我们心中的欲望，常被挑逗得像是看见红色斗篷的斗牛；他人暴富的经历，更让我们血脉贲张，跃跃欲试；时尚名牌漫天飞，哪能心如止水；美女香车招摇过，你的心早已蠢蠢欲动；更不能忍受的是别墅洋房的诱惑……因此，太多的时候，我们会被世上的名利、金钱、物质所迷惑，心中只想得到，只想将其统统归于己有，而不想舍弃，更舍不得放下。于是心中就充满了矛盾、忧愁、不安，心灵上就会承受很大的压力，以至于活得很累、很累。

　　据说上帝在创造蜈蚣时，并没有为它造脚，但是它仍可以爬得像蛇一样快。有一天，它看到羚羊、梅花鹿和其他有脚的动物都跑得比自己快，心里很不高兴，便嫉妒地说：“哼！脚多，当然跑得快。”于是它向上帝祷告说：“上帝啊，我希望拥有比其他动物更多的脚。”

　　上帝答应了蜈蚣的请求，他把好多好多的脚放在蜈蚣面前，任凭它自由取用。蜈蚣迫不及待地拿起这些脚，一只一只地往身体上粘，从头一直粘到尾，直到再也没有地方可粘了，它才依依不舍地停止。

　　它心满意足地看着满是脚的躯体，心中暗暗窃喜：“现在我可以像箭一样地飞出去了！”但是等它开始要跑时，才发觉自己完全无法控制这些脚。这些脚噼里啪啦地各走各的，它非得全神贯注，才能使一大堆脚顺利地往前走。这样一来它反而比以前走得慢了。

一批又一批人前赴后继地把自己绑上欲望的战车，纵然气喘吁吁也不得歇脚。不断膨胀的物欲、工作、责任、人际、金钱几乎占据了现代人全部的空间和时间，许多人每天忙着应付这些事情，几乎连吃饭、喝水、睡觉的时间都没有。

人不能没有欲望，没有欲望就没有前进的动力；但人却不能有贪欲，因为，贪欲是无底洞，你永远也填不满它，贪欲只会给你带来无穷无尽的烦恼和麻烦。

在现代社会，如何控制好自己心中的欲望，不仅关系到脚下的人生，更关系到我们每日的心情。生命属于个人，每个人有权设计自己的生活和人生道路。所有的心愿，只要符合法律和道德的要求，都应该受到尊重。但是我们必须明白：生命的过程中，一切物质及肉体都是不可靠的奴仆，想让自己的人生得以升华，就必须放下这些本性之外的东西，去追求生活本身的淳朴，这样才能活得惬意，活得洒脱。

是啊，我们有必要把生活弄得那么复杂吗？简单才是生活的真谛。可是，现实生活中，这样的人却不在少数，他们常常把本来非常简单的事情想得很复杂。他们的痛苦源自对追求丧失了信心，不清楚应该如何安排自己的生活。

一个追求简洁而又善于放松自己的懒人常常能拥有充实的人生。一个人如果追求复杂而奢侈的生活，则苦难没有尽头，贪欲无度就会烦恼不断，毫无快乐可言。

心 灵 感 悟

这个世界有太多的诱惑，因此有太多的欲望。一个人需要以清醒的心智和从容的步履走过岁月，他的精神中必定不能缺少淡泊。虽然我们渴望成功，渴望生命能在有生之年画出优美的轨迹，但我们真正需要的是一种平平淡淡的快乐生活，一份实实在在的成功。这种成功，不必努力苦求轰轰烈烈，不一定要有那种揭天地之奥秘，救万民于水火的豪情。只是一份平平淡淡的追求足矣！

简单就好

曾有一首歌唱到："总是到了最后才明白，平平淡淡、简简单单才是真……"的确，生活需要简单，简单能够带来和谐。

在人的一生中，也会有许多的追求、许多的憧憬。追求真理，追求理想的生活，追求刻骨铭心的爱情；追求金钱、追求名誉和地位。有追求就会有收获，我们会在不知不觉中拥有很多，有些是我们必需的，而有些却是完全用不着的。那些用不着的东西，除了满足我们的虚荣心外，最大的可能，就是成为我们的一种负担。

古人有句话叫"大道至简"，用今天的话来说，就是"越是真理的就越是简单的"。有时我们会渴望拥有简单的生活。然而又有多少人知道，真正的幸福是发自内心的，选择一种简单的生活就是挣脱心灵的桎梏、回归真我。简单而艺术的生活恐怕是大多数现代人所向往的一种至高境界。

托尔斯泰笔下的安娜·卡列尼娜以一袭简洁的黑长裙在华贵的晚宴上亮相，惊艳无比，令周遭的妖娆"粉黛"颜色尽失。

在经历了极度的奢靡后，简约主义的设计风格又开始盛行。线条简单，色泽朴素，人们力图以最少的材料达到最大的功能需要。

当我们的生活方式趋于简单化时，我们将更能真诚地对待自己，我们也将更乐于参与各种活动。除了能实现自我的理想之外，更能超越自己，对他人有所贡献。

在追求简单的过程中，我们必须了解自己的需要，明白自己的贡献。只有确立这一目标，我们在面临挑战时才能充满勇气。

在这段旅程中，你也终将发现，简简单单才是你心灵最深处的需求。

不知道你有没有这样的感觉，整天忙忙碌碌，什么事情都还没干好，时间却在不知不觉间溜走了。

对大多数人来说，工作和上下班占据了整天的时间。现代生活又充满了各种诱惑，那么多信息要筛选，那么多产品在吸引着你。"我们试图占有一切，而这往往把我们弄得精疲力竭。"因此，简单生活对于大多数人来说，难能可贵。

尘世生活中许多人所追求的舒适的物质享受、社会地位、显赫的名声等，是一种"世味"；今日的青年人追求的"时髦"、"新潮"、"时尚"、"流行"，也是一种"世味"，其中的内涵说穿了，也不离物质享受和对"上等人"社会地位的尊崇。用心于此，人就会像被鞭子抽打的陀螺，忙碌起来——或拼命打工，或投机钻营，应酬，奔波，操心……你就会发现自己很难再有轻松地躺在家中床上读书的时间，也很难再有与三五朋友坐在一起"侃大山"的闲暇，你会忙得忽略了自己的孩子的生日，你会忙得没有时间陪父母叙叙家常……

菲律宾《商报》登过一篇署名陈美玲的文章，作者感慨她的一位病逝的朋友一生为物所役，终日忙于工作、应酬，竟连孩子念几年级都不知道，留下了最大的遗憾。作者写道，这位朋友为了积累更多的财富，享受更高品质的生活，他终于将健康与亲情都赔了进去。那栋尚在交付贷款的上千万元的豪宅，曾经是他最得意的成就之一，然而豪宅的气派尚未感受到，他却离开了人间。作者问："这样汲汲营营追求身外物的人生，到底生命感知何在，意义何在？"

这位朋友无疑也是属"世味浓"的一族，如果他能把"世味"看淡一些，像陈美玲那样"住在恰到好处的房子里，没有一身沉重的经济负担，周休二日不值班的时候，还可以一家大小外出旅游，赏花品草"……这岂不是惬意的生活？

陈美玲写道："'生活简单，没有负担'，这是一句电视广告词，但用在人的一生当中却再贴切不过了。与其困在财富、地位与成就的迷惘里，还不如过着简单的生活，舒展身心，享受用金钱也买不到的满足来得快乐。"

不奢求华屋美厦，不垂涎山珍海味，不追时髦，不扮贵人相，过一种简单自然的生活，外在的财富也许不如人，但内心享受充实富有的生活。这是自然的生活，有劳有逸，有工作着的乐趣，也有与家人共享天伦的温馨、自由活动的闲暇。

西方包括美国的许多人，现在倡导过一种"简单的生活"。他们试着离开汽车、电子产品、时尚圈子，看能不能活得快乐。这被称作"草根运动"。他们强调简化自己的生活，并非完全抛弃物欲，而是要把人的专一于身外浮华物上的注意力移出适当比例，放在人自身上、精神上、心灵情感上。过一种平衡和谐从容的生活，一个真正有感知的人的生活，实质是提升生活品质。

有"布衣将军"之称的冯玉祥生活简单，1934年春，蒋介石派孙科来拜访冯玉祥，冯玉祥以惯常的家常饭招待，吃的是馒头、小米粥，只有四样小菜。孙科吃得很香，说："我在南京吃的是海参鱼翅，却没有冯先生的饭菜香甜。真怪！"怪吗？在崇尚简单生活的人看来，这才是生活的真味。

简单的生活，快乐的源头，为我们省去了多少汲汲于外物的烦恼，又为我们开阔了多少身心解放的快乐空间？

"简单生活"并不是要你放弃追求，放弃劳作，而是说要抓住生活、工作中的本质及重心，以四两拨千斤的方式，去掉世俗浮华的琐务。卡尔逊说："简单生活不是自甘贫贱。你可以开一部昂贵的车子，但仍然可以使生活简化。一个基本的概念在于你想要改进你的生活品质而已。关键是诚实地面对自己，想想生命中对自己真正重要的是什么？"

心灵感悟

简单是一种心灵的净化，它是统合，是安定，是整顿，是率直，是单纯，它通常表现在诸如简朴的饮食、有纪律的日常作息这种单纯的生活方式上。换言之，简单化就是在喧嚣的世俗里增加一份宁静。

严格要求自己

高尔基是苏联的大文学家。他处处严格要求自己，以人品和文品为世人做出表率，越发受到人们的尊敬。

有一年冬天，莫斯科远郊的一个小镇上，冰天雪地，寒气逼人。一个阴冷的下午，小镇上唯一的一家剧院门口排起了长长的队伍。镇民穿着厚厚的大衣、高高的皮靴,又长又宽的围巾绕在头颈上,连同嘴巴一块儿裹住了。妇女头上扎着羊毛头巾,男人则戴着毛茸茸的皮帽。看不清每个人的五官,只看见一双双眼睛和一只只鼻子。他们在排队买票,城里话剧院这次到镇上演出的是高尔基的戏剧《底层》。恰巧,高尔基外出开一个文代会,回来时遇冰雪封住了铁路,火车停开,所以就在这个小镇临时住了下来。这天他散步经过小镇戏院门口时,发现镇民正排队购买《底层》的票子,心想:不知道镇民对《底层》反应如何?趁着回不了城,不如也坐进戏院,观察观察镇民对该剧的褒贬意见。心里想着,脚就移向戏院门口的队伍,高尔基也排队买了票。他刚回身走出没多远,只听身后有追上来的脚步声,回头一看,是一位男子跑了过来。那男子跑到高尔基跟前,打量着,谨慎地问道:"您是阿列克塞·马克西莫维奇·彼什科夫同志吧?"

"是,我就是。您……"高尔基好奇地问道。"我是戏院售票组的组长。刚才您买票时,我正在售票房里,我看着您面熟,但您戴着围巾和帽子,我一下子不敢确认是您。您走路的背影,使我越发感到您可能就是高尔基,所以我跑过来问问您。"

"噢,"高尔基和蔼地笑了。他握住售票组组长的手说:"现在,您认出我了。有什么事要我帮忙吗?""嗯,没什么。只是,这钱请您收回。"售票组长从衣兜里掏出钱递给高尔基。

"这是为什么?"高尔基奇怪地问。"实在对不起,售票员刚才没看清是您,所以让您花钱买了自己的票,现在我来退回给您。请您多包涵!"

"怎么,我不能看这场戏?"高尔基愈发奇怪了。

"不,不,不,不是这个意思。这个戏本来就是您写的,您看就不用花钱买票了。"组长解释道。"噢,是这样。"高尔基明白了。他想了想,问售票组长道:"那布是纺织工人织的,他们要穿衣服就可以不花钱,到服装店去随便拿吗?面包是面粉厂工人把小麦加工制成面粉后做成的,工人们要吃面包就可以不花钱,到食品仓库里去随便取吗?我想您一定会说,这不行吧。那么,我写的剧本一旦上演,我就可以不论何时何地地到处白看戏吗?"

"这……"售票组长一时无话以对。"告诉您吧,同志,我们写戏的人,除领导上规定的观摩活动以外,自己看戏看电影,一律都要像普通人一样地照章办事。就像现在，我要看戏，就得买票。"说完，高尔基乐呵呵地笑了起来。

"您真是的，一点也没有大文豪的架子。"售票组长也笑了起来。说着，他们愉快地道别了。

心灵感悟

真正有内涵、有气质的人都是不为名而骄、不为利而奢、不为荣而喜，懂得自制的人，正如高尔基，时刻提醒自己克制名利的侵扰，保持本色！

安守本分

一位年轻人靠着卖鱼来维生，有一天，他一面吆喝，一面环视四周，注意看是否有人来买鱼。突然，一只老鹰从空中俯冲而下，在他的肉摊咬了一条鱼后立刻转身飞向空中。年轻人很生气地大喊大叫，可是，只能无奈地看着那只老鹰愈飞愈高、愈飞愈远……

他气愤地自言自语："可惜我没有翅膀，不能飞上天空，否则一定不放过你！"那天他回家时，经过一座教堂，他就跪在教堂前，祈求耶稣保佑他变成老鹰，能展翅飞翔于天空。从此以后，他每天经过教堂，都会如此殷切地祈求。一群年轻人看到他天天向耶稣祈求，就很好奇地相互讨论，其中一人说："这位卖鱼的人，每天都希望能变成一只老鹰，可以飞上天空。"另一人就说："哎哟！他傻傻地祈求，要求到何时？不如我们来作弄作弄他！"大家交头接耳，想了一个方法要欺负他。

第二天，其中一位年轻人先躲在耶稣像的后面。卖鱼的年轻人来了，照样虔诚地祈求、礼拜，这时，躲在耶稣像后面的那位年轻人就说："你求得这么虔诚，我要满足你的愿望，你可以到村内找一棵最高的树，然后爬到树上试试看。"年轻人以为真的听到耶稣的指示，非常欢喜，赶快跑进村里找到一棵最高的树，然后爬到树上。那棵树实在太高了，他愈往上爬，愈觉得担心。

他爬上树顶，向下看——"哇！这么高！我真的能飞吗？"那群年轻人也跟着来了，他们在树下故意七嘴八舌地喊道："你们看，树上好像有一只大老鹰，不知道它会不会飞？""既然是老鹰，一定会飞嘛！"年轻人心里很高兴，他想：我果然已变成一只老鹰了！既然是老鹰，哪有不会飞的呢？于是他展开双手，摆出展翅欲飞的架势，从树顶跳下去。可想而知，他急速地向下坠落，他怕得闭上眼睛但是已经来不及了。幸好，他落在泥浆地上，陷入烂泥巴和水草之中，只受了点轻伤。那些年轻人跑过来，幸灾乐祸地取笑他。他说："你们笑什么？我只是两只翅膀跌断了，不是飞不起来啊！"

心灵感悟

人往往是贪心的，要求越来越多，有时甚至超乎现实和能力之外，这样的人通常是愚蠢的。学会控制索取的要求，明白付出与获得总是成正比的。守住自己的本分，脚踏实地，生命中的"唱"才会谱写得精彩响亮。

点金术

从前有一个非常富有的国王，名叫米达斯。他拥有的黄金数量之多，超过了世上其他任何人。尽管如此，他仍认为自己拥有的黄金数量还不够多。他碰巧又获得了更多的黄金，这使他非常高兴。他把黄金藏在皇宫下面的几个大地窖中，每天都在那里待上很长时间清点自己有多少黄金。

米达斯国王有一个小女儿名叫马丽格德。国王非常喜欢自己的女儿，他告诉她："你将成为世界上最富有的公主！"

但是马丽格德对此不屑一顾。与父亲的财富相比，她更喜欢花园、鲜花与金色的阳光。她大部分时间都是一个人自己玩，因为父亲为获得更多的黄金和清点自己有多少黄金忙得不可开交。和别的父亲不同的是，他很少给她讲故事，也很少陪她去散步。

一天，米达斯国王又来到他的藏金屋。他反锁上大门，将藏金子的箱子打开。他把金子堆到桌子上，开始用手抚摸，看上去他很喜欢那种感觉。他让黄金从手指缝间滑落而下，微笑着倾听它们的碰撞声，仿佛那是一首美妙的曲子。突然一个人影落到了那堆金子上面。他抬起头，发现一个身着白衣的陌生人正对着他笑。米达斯国王吓了一跳。他明明记得把门锁上了呀！他的财宝并不安全！但是陌生人继续对着他微笑。

"你有许多黄金，米达斯国王。"他说道。

"对，"国王说道，"但与全世界所有的黄金相比，那又显得太少了！"

"什么！你并不满足吗？"陌生人问道。

"满足？"国王说，"我当然不满足。我经常夜不能寐，想方设法获得更多的黄金。我希望我摸到的任何东西都能变成黄金。"

"你真的希望那样吗，米达斯陛下？"

"我当然希望如此了，其他任何事情都难以让我那样高兴。"

"那么你将实现你的愿望。明天早晨，当第一缕阳光透过窗子射进你的房间，你将获得点金术。"

陌生人说完便消失了。米达斯国王揉了揉眼睛。"我刚才一定是在做梦。"他说道，"如果这是真的，我该有多高兴啊！"

第二天米达斯国王醒来时，房间里晨光熹微。他伸手摸了一下床罩。什么也没有发生。"我知道那不是真的。"他叹了口气。就在这时，清晨的阳光透过窗户射进房间。米达斯国王刚才摸的床罩变成了纯金的。"这是真的，是真的！"他兴奋地喊道。

他跳下床，在房间中跑来跑去，见什么摸什么。他正穿着的长袍、拖鞋和屋里的家具都变成了金子。他透过窗户，向马丽格德的花园望去。"我将给她一个莫大的惊喜。"他自言自语道。他来到花园中，用手摸遍了马丽格德的花朵，把它们都变成了金子。"她一定会很高兴。"他想。

他回到房间中，等着吃早饭。他拿起昨天晚上看过的书，然而他一碰到书，书就变成了金子。"我现在无法看这本书了，"他说道，"不过让它变成金子当然更好。"

就在这时，一个仆人端着吃的东西走了进来。"这饭看起来非常好吃，"他说道，"我先吃那个熟透了的红桃子。"

他把桃子拿到手中，但是他还没有尝到桃子是什么滋味，它就变成了金子。米达斯国王把桃子放回到盘子中。"桃子很好看，我却不能吃！"他说道。他从盘子上拿下一个卷饼，但卷饼又立即变成了金子。他端起一杯水，但还没喝水就变成了金子。"我可怎么办啊？"他喊道，"我又饥又渴，我既不能吃金子，也不能喝金子！"

这时，房门开了，小马丽格德手里拿着一支玫瑰花走了进来，眼里噙满了泪水。

"出了什么事，女儿？"国王问道。

"噢，父亲！你看我的玫瑰花都怎么了？它们变得又硬又丑！"

"嘿，它们是金玫瑰，孩子，你不认为它们比以前的样子更好看吗？"

"不，"她抽泣着说，"它们没有香气，也不再生长。我喜欢活生生的玫瑰。"

"不要在意了，"国王说，"现在吃早饭吧。"

马丽格德注意到父亲没有吃饭，一脸的悲伤。"发生了什么事，亲爱的父亲？"她问道，然后向他跑过来。她伸开双臂，抱住他，他吻了她。但他突然痛苦地喊了起来。他摸了一下女儿，她那漂亮的脸蛋变成了金灿灿的金子，双眼什么也看不到，双唇无法吻他，双臂无法将他抱紧。她不再是一个可爱的、欢笑的小女孩了。她已经变成了一尊小金像。

米达斯低下头，大声哭泣起来。

"你高兴吗，陛下？"他听到一个声音问道。他抬起头，看到那个陌生人站在他身旁。

"高兴？你怎么能这样问！我是世界上最不幸的人！"国王说道。

"你掌握了点金术，"陌生人说道，"那还不够吗？"

米达斯国王仍低头不语。

"在食物与一杯凉水以及这些金子之间，你更愿意要哪一个？"

"噢，把我的小马丽格德还给我，我愿放弃所有的金子！"国王说道，"我已经失去了应该拥有的东西。"

"你现在比过去明智多了，米达斯国王，"陌生人说道，"跳到从花园旁边流过的那条河中，取一些河水，洒到你希望恢复原状的东西上。"说完这句话，陌生人就消失了。

米达斯一下跳起来，向小河跑去。他跳进去，取了一罐水，然后急忙返回皇宫。他把水洒到马丽格德身上，她的脸蛋立即恢复了血色。她睁开那双蓝眼睛。"啊，父亲！"她说道，"发生了什么事？"

米达斯国王高兴地叫了一声，把女儿抱到怀中。

从那以后，米达斯国王再也不喜欢金子了，他只钟爱金色的阳光与马丽格德的金发。

物欲太盛造成灵魂变态，精神上永无宁静，永无快乐。正如故事中的国王一样，学会点金术后，陷入了烦恼，失去了快乐，也不再认为拥有更多的金子是幸福的。

要想拥有幸福的生活，就要学会控制你的欲望，也要懂得放弃。

心灵感悟

这个世界的诱惑无处不在，财富的诱惑、权力的诱惑、美色的诱惑……太多的诱惑在我们身边眼前招手，许多人初尝到它的甜头，就再也难以控制自己，直到滑入堕落的深渊。抵御住初始的诱惑，才能顺利地走向人生的康庄大道。

嫉妒的桃树

在果园的核桃树旁边，长着一棵桃树，它的嫉妒心很重，一看到核桃树上挂满的果实，心里就觉得很不是滋味。

"为什么核桃树结的果子要比我多呢？"桃树愤愤不平地抱怨着，"我有哪一点不如它呢？老天爷真是太不公平了！不行，明年我一定要和它比个高低，结出比它还要多的桃子！让它看看我的本事！"

　　"你不要无端嫉妒别人啦，"长在桃树附近的老李子树劝诫道，"难道你没有发现，核桃树有着多么粗壮的树干、多么坚韧的枝条吗？你也不动动脑想一想，如果你也结出那么多的果实，你那瘦弱的枝干能承受得了吗？我劝你还是安分守己、老老实实地过日子吧！"

　　自傲的桃树可听不进李子树的忠告，嫉妒心蒙住了它的耳朵和眼睛，不管多么有理的规劝，对它都起不到任何作用了。桃树命令它的树根尽力钻得深些、再深些，要紧紧地咬住大地，把土壤中能够汲取的营养和水分统统都吸收上来。它还命令树枝要使出全部的力气，拼命地开花，开得越多越好，而且要保证让所有的花朵都结出果实。

　　它的命令生效了，第二年花期一过，这棵桃树浑身上下密密麻麻地挂满了桃子。桃树高兴极了，它认为今年可以和核桃树好好比个高低了。

　　充盈的果汁使得桃子一天天加重了分量，渐渐地，桃树的树枝、树杈都被压弯了腰，连气都喘不过来了。它们纷纷向桃树发出请求，赶快抖掉一部分桃子，否则就要承受不住了。可是桃树不肯放弃即将到来的荣耀，它下令树枝与树杈要坚持住，不能半途而废。

　　这一天，不堪重负的桃树发出一阵哀鸣，紧接着就听到"咔嚓"一声，树干齐腰折断了。尚未完全成熟的桃子滚满了一地，在核桃树脚下渐渐地腐烂了。

　　桃树的教训是深刻的，它的诱因在于嫉妒，其根源在于缺少平常心。

　　人生就像一场比赛，不管多么努力，技术运用得多么高超，总会有相对于第一名的落后者。享受欢呼的，仅仅是那成千上万名中第一个冲到终点的幸运儿。生活又何尝不是这样？相对于那些在某一领域中因出类拔萃而获得万众瞩目的人来说，绝大多数的人都是那些在平凡的工作、平凡的家庭中默默尽力的人。况且，人生风云变幻，又有多少人没有品尝过世事沧桑的滋味呢？

　　从社会的需要说，只要每个人做好自己的分内工作，维持物质的丰厚，铸造社会的繁荣，他就应该自豪。若从生活的价值来说，能够体味人生的酸甜苦辣，做过了自己所喜欢的事，没有虐待这百岁年华的生命，心灵从容富足就算这一生"功德圆满"了。

　　有平常心，你也就拥有了人格魅力，也就能"任云卷云舒去留无意"。平常心是颗宠辱不惊的心，它能够使你视金钱如粪土，视功名为过眼烟云。

宠辱不惊

　　超越面子心理和世俗认知的人，大多是胸襟宽广的人，他们淡泊为怀，如一股春风般温煦宽厚，像一只轻松畅游的鱼一样置宠辱于身外。

　　有位修行很深的禅师叫白隐，无论别人怎样评价他，他都会淡淡地说一句："是这样吗？"

　　在白隐禅师所住的寺庙旁，有一对夫妇开了一家食品店，家里有一个漂亮的女儿。无意间，夫妇俩发现女儿的肚子无缘无故地大了起来。这种见不得人的事，使得她的父母震怒异常！在父母的一再逼问下，女儿终于吞吞吐吐地说出"白隐"两字。

　　她的父母怒不可遏地去找白隐理论，但这位大师不置可否，只若无其事地答道："是这样吗？"孩子生下来后，就被送给白隐。此时，他的名誉虽已扫地，但他并不以为然，只是非常细心地照顾孩子——他向邻居乞求婴儿所需的奶水和其他用品，虽不免横遭白眼，或是冷嘲热讽，他总是处之泰然，仿佛他是受托抚养别人的孩子一样。

　　事隔一年后，这位没有结婚的妈妈，终于不忍心再欺瞒下去了。她老老实实地向父母吐露真情：孩子的生父是住在同一幢楼里的一位青年。

　　她的父母立即将她带到白隐那里，向他道歉，请他原谅，并将孩子带回。

　　白隐仍然是淡然如水，他只是在交回孩子的时候，轻声说道："是这样吗？"仿佛不曾发生过什么事，即使有，也只像微风吹过耳畔，霎时即逝！

　　白隐为给邻居女儿以生存的机会和空间，代人受过，牺牲了为自己洗刷清白的机会，受到人们的冷嘲热讽，但是他始终处之泰然。"是这样吗？"这平平淡淡的一句话，就是对"宠辱不惊"最好的解释，而我们现代人缺乏的正是这一点。

19世纪中叶美国有个叫菲尔德的实业家，率领工程人员，要用海底电缆把"欧美两个大陆连接起来"。为此，他成为美国当时最受尊敬的人，被誉为"两个世界的统一者"。在举行盛大的接通典礼上，刚被接通的电缆传送信号突然中断，人们的欢呼声变为愤怒的狂涛，都骂他是"骗子"、"白痴"。可是菲尔德对于这些诋毁只是淡淡地一笑。他不作解释，只管埋头苦干，经过6年的努力，最终通过海底电缆架起了欧美大陆之桥。在庆典会上，他没上贵宾台，只远远地站在人群中观看。

菲尔德不仅是"两个世界的统一者"，而且是一个理性的战胜者。当他遇到难以忍受的厄运时，通过自我心理调节，然后做出正确的选择，从而在实际行为上显示出强烈的意志力和自持力，这就是一种理性的自我完善。

世上有许多事情的确是难以预料的，成功常常与失败相伴。人的一生，有如簇簇繁花，既有红火耀眼之时，也有暗淡萧条之日。面对成功或荣誉，要像菲尔德那样，不要狂喜，也不要盛气凌人，把功名利禄看轻些，看淡些，也不会像《儒林外史》里的范进，中了举犯了神经。

人要有经受成功、战胜失败的精神防线。成功了要时时记住，世上的任何一样成功或荣誉，都依赖周围的其他因素，绝非你一个人的功劳。失败了不要一蹶不振，只要奋斗了，拼搏了，就可以无愧地对自己说："天空没有翅膀的痕迹，但我已飞过。"（泰戈尔语。）这样就会赢得一个广阔的心灵空间，得而不喜，失而不忧，把握自我，超越自己。

心灵感悟

佛经云：心包太虚，量周沙界。你能把虚空宇宙都包容在心中，那么你的心量自然就能如同虚空一样的广大。无论荣辱悲喜、成败冷暖，只要心量放大，自然能做到风雨无惊。

贪婪到极致是虚无

物质是生活的基础，对物质的追求是理所当然的。但是，人一旦掉进贪婪陷阱，就如坠入万丈深渊，万劫不复。

以前，有一个国王，王妃为他生了一群白胖的王子。好不容易他最宠爱的妃子为他生了一位漂亮的公主。国王对小公主疼爱有加，视如掌上明珠，舍不得稍加训斥。凡是公主要求的东西，国王从来都不会拒绝，就是她要天上的星星，国王也恨不得攀登天空，为公主摘下来，点缀她的彩衣。

公主在国王的呵护纵容下，慢慢成长为豆蔻年华的少女，渐渐懂得了装扮自己。有一天，春雨初霁的午后，公主带着婢女徜徉于宫中花园。只见树枝上的花朵，经过雨水的润泽，花苞上挂着几滴雨珠，显得愈发的娇艳；蓊郁的树木，翠绿得逼人眼睛。公主正在欣赏雨后的景致，忽然目光被荷花池中的奇观吸引住了。原来池水的热气经过蒸发，正冒出一颗颗状如琉璃珍珠的水泡，浑圆晶莹，闪耀夺目。公主看得入神忘我，突发奇想："如果把这些水泡串成花环，戴在头发上，一定美丽极了！"

她打定主意，于是叫婢女把水泡捞上来，但是婢女的手刚一触及水泡，水泡便破灭无影。折腾了半天，公主在池边等得愤愤不悦，婢女在池里捞得心急如焚。公主终于气愤难忍，一怒之下，便跑回宫中，把国王拉到了池畔，对着一池闪闪发光的水泡说："父王！您一向是最疼爱我的，我要什么东西，您都依着我。现在女儿想要把池里的水泡串成花环，戴在头上。"

"傻孩子！水泡虽然好看，终究是虚幻不实的东西，怎么可能做成花环呢？父王另外给你找些珍珠水晶，一定比水泡还要美丽！"国王无限怜爱地看着女儿。

"不要！不要！我只要水泡花环，我不要什么珍珠水晶。如果您不给我，我就不想活了。"公主哭闹着。束手无策的国王只好把朝中的大臣们集合于花园，忧心忡忡地说道："各位大臣们！你们号称是本国的奇工巧匠，你们之中如果有人能够以奇异的技艺，用池中的水泡，为公主编织美丽的花环，我便重重奖赏。"

"报告陛下！水泡刹那生灭，触摸即破，怎么能够拿来做花环呢？"大臣们面面相觑，不知如何是好。

"哼！这么简单的事，你们都无法办到，我平日如何善待你们？如果无法满足我女儿的心愿，你们统统提头来见。"国王盛怒。

"国王请息怒，我有办法替公主做成花环。只是老臣我老眼昏花，实在分不清楚水池中的水泡，哪一颗比较均匀圆满，能否请公主亲自挑选，交给我来编串。"一位须发斑白的大臣神情笃定地打圆场。

公主听了，兴高采烈地拿起瓢子，弯下腰身，认真地舀取自己中意的水泡。本来光彩闪烁的水泡，经公主轻轻一触摸，霎时破灭，变为泡影。捞了老半天，公主一颗水泡也拿不起来。

显然，公主的水泡花环梦想难以实现。我们暂且不顾公主失望的表情，重点去研究分析一下公主有此梦想的根源：正因为公主生活无忧，物质富足，她才贪婪那些虚无的东西。可以说，这是贪婪的极致。极致的贪婪蒙蔽了公主的眼睛，使她是非难辨，幻想与现实不分，闹出如此笑话。现代生活中的某些人是不是也有着公主的影子呢？过度的追逐，只能陷于痛苦的深渊。

然而，世人大都面对金钱爱不释手，面对名利心难清静。更有甚者，为虚无的目标而苦命追逐。然而由于目标不当，有时不仅不会带来快乐，反而会成为烦恼的根源，且白费精力。

心灵感悟

"禅"的最高境界是心外无物，人类的终极自由是心灵的自由，它可以决定外界的刺激对本身的影响程度。只有做到心外无物，才能获得心灵的自由。

迈尔的悲剧

在现实生活中，名誉和地位常常被作为衡量一个人成功与否的标准，所以追求一定的名声、地位和荣誉，已成为一种极为普遍的现象。在很多人心目中，只有有了名誉和权力才等于实现了自身的价值。其实，人生的目的，不在于成名、成家与否，而在于面对现实，努力为之，尽情享受生命，细心体验生活的美好。

人生在世，功名利禄只是一些身外之物，只要我们努力地前行，真实地面对我们所拥有或将要拥有的一切，你会发现，能满足一个人的可以很多也可以很少。人生天地之间，转瞬来去，就像是偶然登台、仓促下台的匆匆过客。人生既然如此短暂，活在世上就要珍惜人生，不要贪图权势，自酿苦酒。名誉与权势，皆为身外之物，也是水流花谢之物，万万不可一味地去追求。如果为了争名夺利不择手段，那就无异于害人害己了，这样的人生有何乐趣？何况，争名夺利不但不会使你流芳千古，甚至可能会让你身败名裂呢！

焦耳，这个名字我们在中学学物理时就很熟悉，人们为了纪念他所做的贡献，将物理学中"功"的单位命名为"焦耳"。从 1843 年起，焦耳提出"机械能和热能相互转化，热只是能量的一种形式"的新观点，打破了沿袭多年的热质说，促进了科学的进步。他前后用了近 40 年的时间来测定热功当量，最后得到了热功当量值。

事实上，与焦耳同时代的迈尔是第一个发表能量转化和守恒定律的科学家。1848 年，当迈尔等人不断地证明能量转化和守恒定律的正确性，终于使得这一定律被人们承认的时候，名利欲望的膨胀驱使焦耳向迈尔发起了攻击。焦耳发表文章批评说，迈尔对于热功当量的计算是没有完成的，迈尔只是预见了在热和功之间存在着一定的数值比例关系，但没有证明这一关系，首先证明这一关系的应该是他焦耳。随着焦耳发起的这场争论的扩大化，一些不明真相的人也一哄而上，纷纷对迈尔进行了不负责任的错误指责。迈尔终于承受不住这一争论和批评带来的压力，特别是焦耳以自己测定热功当量的精确性来否定迈尔的科学发现权，使得迈尔陷入有口难辩的痛苦境地。这时，迈尔的两个孩子也先后因故夭折，内外交困中的迈尔先是跳楼自杀未遂，后来得了精神病。

虽然当年的迈尔被逼进了疯人院，但今天人们仍然将他的名字与焦耳并列在能量转化和守恒定律奠基者的行列。焦耳对名利的过分追逐，也为人们所谴责。

每个人都有自己的活法，对个人而言，各有各的追求；对社会而言，各有各的贡献。一个快乐的人不一定是最有钱、最有权的，但一定是最聪明的，他的聪明就在于他懂得人生的真谛：花开不是为了花落，而是为了灿烂。可遗憾的是，在现代社会生活中，依然有许多人不但对功名利禄趋之若鹜，甚至把它看成是一个人全部的生存价值。能否成就轰轰烈烈的功名，能否成为名利双收的"家"，就是人们衡量生存价值的唯一标准，这不啻是人类文明的堕落和浅薄。

心灵感悟

欲望并非万恶之源，它既能使人堕落，又是人类进步的阶梯。假如每个人都进入无知无欲的状态，那社会以及整个人类都会倒退，甚至再度回到小国寡民的社会之中去。

但是这里所说的人不能没有欲望并不代表人只能有欲望，最关键的是要做到欲与望的平衡。

欲望背后是陷阱

法国杰出的哲学家卢梭用一句特别经典的话形容现代人的物欲，他说："10岁时被点心、20岁被恋人、30岁被快乐、40岁被野心、50岁被贪婪所俘虏。人到什么的时候才能只追求睿智呢？"的确，人心不能清净，是因为物欲太盛。人生在世，不能没有欲望。然而，物欲太强，你就会沦为欲望的仆人，一生也不会轻松。

从前，一个想发财的人得到了一张藏宝图，上面标明了在密林深处的一连串宝藏。他立即准备好了一切旅行用具，特别是他还找出了四五个大袋子用来装宝物。一切就绪后，他进入了那片密林。他斩断了挡路的荆棘，蹚过了小溪，冒险冲过了沼泽地，终于找到了第一个宝藏，满屋的金币熠熠夺目。他急忙掏出袋子，把所有的金币装进了口袋。离开这一宝藏时，他看到了门上的一行字："知足常乐，适可而止。"

他笑了笑，心想，有谁会丢下这闪光的金币呢？于是，他没留下一枚金币，扛着大袋子来到了第二个宝藏，出现在眼前的是成堆的金条。他见状，兴奋得不得了，依旧把所有的金条放进了袋子，当他拿起最后一条时，上面刻着："放弃了下一个屋子中的宝物，你会得到更宝贵的东西。"

他看了这一行字后，更迫不及待地走进了第三个宝藏，里面有一块磐石般大小的钻石。他发红的眼睛中泛着亮光，贪婪的双手抬起了这块钻石，放入了袋子中。他发现，这块钻石下面有一扇小门，心想，下面一定有更多的东西。于是，他毫不迟疑地打开门，跳了下去，谁知，等着他的不是金银财宝，而是一片流沙。他在流沙中不停地挣扎着，可是他越挣扎陷得越深，最终与金币、金条和钻石一起长埋在了流沙下。

如果这个人能在看了警示后离开的话，能在跳下去之前多想一想，那么他就会平安地返回，成为一个真正的富翁了。知足，从某种意义上来讲，给了自己一个生存的空间，给了自己一条走向成功的道路……

物质上永不知足是一种病态，其病因多是权力、地位、金钱之类引发的。这种病态如果发展下去，就是贪得无厌，其结局是自我爆炸、自我毁灭。

托尔斯泰曾讲过这样的故事：有一个人想得到一块土地，地主就对他说，清早，你从这里往外跑，跑一段就插个旗杆，只要你在太阳落山前赶回来，插上旗杆的地都归你。那人就不要命地跑，太阳偏西了还不知足。太阳落山前，他是跑回来了，但已精疲力竭，摔个跟头就再没起来。于是有人挖了个坑，就地埋了他。牧师在给这个人做祈祷的时候说："一个人要多少土地呢？就这么大。"正像《伊索寓言》里所说的："有些人因为贪婪，想得到更多的东西，却把现在所有的也失掉了。"

所以，生活中的我们应该明白：即使你拥有整个世界，但你一天也只能吃三餐。这是人生思悟后的一种清醒，谁真正懂得它的含义，谁就能活得轻松，过得自在，白天知足常乐，夜里睡得安宁，走路感觉踏实，蓦然回首时没有遗憾！

唐代伟大的文学家柳宗元曾写过一篇名为《蝜蝂传》的散文，文中说，有一种善于背负东西的小虫虫蝜蝂，行走时遇见东西就拾起来放在自己的背上，高昂着头往前走。它的背发涩，堆放到上面的东西掉不下来。背上的东西越来越多，越来越重，不停止的贪婪行为，终于使它累倒在地。

人赤条条地来去于这个世界上，不可能永久地拥有什么，当你煞费心机所获取来的又在自己赤条条地离开之前交给他人的时候，那将是怎样的一种心态呢！相反，假使我们能对我们现有的一切感到满足，那么，我们便会洒脱得自得其乐，幸福也在其中。所以有人提出："人生是这样的短暂，我们纵然身在陋巷，也应享受每一刻美好的时光。"

心灵感悟

宋学大家程颐曾说过："一念之欲不能制，而祸流于滔天。"古往今来，贪婪成性的大有人在，因贪婪而身败名裂，甚至招致杀身之祸的人就更是不胜枚举了。而驱使他们做出种种抉择的唯一动力便是贪婪的心态。

第九辑

爱让心灵丰富充盈

爱是生命的源泉。爱是短暂人生中所做的最绚丽、最珍贵、最神秘的精神漫游享受；爱是皇冠上的珍珠，璀璨夺目而又神圣无比。爱其实很简单，爱是个人内心的一种感受。爱的真谛不是自私也不是约束，更不是占有。无论对待亲人还是朋友，我们要用心去爱，用手去抚慰他们的痛苦，给他们带来快乐和幸福。

爱情是什么

　　亲情、友情和爱情是每一个人一生都要面对的三大课题，经历了亲情、友情和爱情之后的人生才完整。除了亲情之外，人们尤其是年轻人，总是对爱情和友情之间的界限难以把握。青春期又是一个身体和心理双重发展的时期，如果对于友情和爱情处理不好，会影响到今后的生活甚至是一生的幸福。

　　一个充满稚气的大男孩里查，与一个同样充满稚气的大女孩安妮玩得很好，两人感情很融洽。

　　"你们在相爱！"旁人评论说。

　　"是吗？我们在相爱吗？"他们问别人，也问自己。是的，他们弄不清自己是在与对方相爱，还是在与对方享受朋友间的友谊。

　　于是，他们去问智者。

　　"告诉我们友谊与爱情的区别吧！"他们恳求道。

　　智者含笑看着两个年轻人，说道：

　　"你们给我出了一个最难解的难题。爱情和友谊像一对性格迥异的孪生姊妹，她们既相同，又不同。有时，她们很容易区分，有时却无法辨别……"

　　"请举例说明吧！"大男孩和大女孩说。

　　"她们都是人间最美好最温馨的情感。当她们给人们带来美，带来善，带来快乐时，她们无法区别；当她们遇到麻烦和波折时，反映就大不相同了。"

　　"比如……"男孩和女孩问。

　　"比如，爱情说：你是属于我一个人的；友谊却说：除了我，你还可以有她和他。"

　　"友谊来了，你会说：请坐请坐；爱情来了，你会拥抱着她，什么也不说。"

　　"爱情的利刃伤了你时，你的心一边流血，你的眼却渴望着她；友谊锋芒刺痛了你时，你会转身而去，拔去芒刺，不再理她。"

"友谊远行时，你会笑着说：祝你一路平安！爱情远行时，你会哭着说：请你不要忘了我。"

"爱情对你说：我有时是奔涌的波涛，有时是一江春水，有时又像凝结的冰；友谊对你说：我永远是艳阳照耀下的一江春水。"

"当你与爱情被追杀至绝路时，你会说：让我们一起拥抱死亡吧；当你与友谊被追杀得走投无路时，你会说：让我们各自找条生路吧。"

"当爱情遗弃了你时，你可能大醉三天，大哭三天，又大笑三天；当友谊离你而去时，你可能叹一天气，喝一天茶，又花一天的时间寻找新的友谊。"

"当爱情死亡时，你会跪在她的遗体边说，我其实已经同你一起死了；当友谊死亡时，你会默默地为她献上一个花圈，把她的名字刻在你的心碑上，悄然而去……"

大男孩和大女孩相视而笑，他们互相问道：

"当我远行时，你是笑呢还是哭？"

读者们，看了这段小故事，你真正明白了什么叫爱情，什么叫友情了吗？或许，懂得爱情并不是一件难事：当爱情悄然而至的时候，你自然就会明白你在爱了。或许，真正懂得爱情，也不是一件容易的事：有好多人一生都没有明白什么叫爱；只是在爱情默然离开的时候，捶胸顿足，扼腕叹息。对于友谊和爱情，每个人都有自己的区分尺度。但是，不管怎样，有一点是可以肯定的，爱情总是较友谊更为炽烈，更为专一，更为投入。当你发现自己真爱上一个人，你的心里便不再容纳其他，而当他的爱逝去，你会觉得失去的是整个世界，爱情更多的时候是作为人生的意义而存在的。

人总会依次经历亲情、友情和爱情，从而逐渐走向成熟和完整。而爱情正是从友情到亲情的过渡阶段。因为爱情，本来不相干的人，成为一路牵手的人生伴侣，有了血缘的交融、爱情的结晶，成为亲人。正因为如此，爱情才伟大，才需要我们每个人用心去经营，认真地对待。

爱是生命的源泉。

人生当中有快乐，亦有苦恼，一个人承担这些喜怒哀乐会感到无聊或沉重。爱人是最亲密的伴侣，他可以陪你笑，也可以陪你哭，快乐同分享，苦难共分担。因为有了爱情，人生才被装点得更加丰富多彩。

直面现实，不失浪漫

爱情是一种浪漫的体验。这种体验使任何事物在恋爱者的眼中，都是一种美好。爱情中不能没有浪漫，没有浪漫，也就没有了爱情，爱情建立在双方相互的好感而出现的良好氛围之上；然而，爱情的浪漫毕竟只是一种主观的、很缥缈的东西，总是依赖于一种现存的事情上，没有现实做基础的爱情也是不牢固的，总有一天泡沫破了，梦也就醒了。

一对情侣结伴到山里去露营。晚上睡觉的时候，一个人问另一个人："你看到什么呀？"另一个人回答："我看到满天的星星，深深感觉到宇宙的浩瀚，造物主的伟大，我们的生命是多么的渺小和短暂……那你又看到什么了？"

那个先开口说话的人冷冷地道："我看见有人把我们的帐篷偷走了。"

只顾精神的纯浪漫主义者，他们的生活很可能会过得很寒酸和自欺欺人；而完全埋头于实际事务中没有想象力的现实主义者，他们的生活又是多么枯燥乏味？我想，生活需要的是二者的适度结合。

其实，真正的爱情，既不缺乏物质基础，又会让人感到精神满足。在爱情中，女孩往往比男孩更容易感情用事，更倾向于追求浪漫的情节而忽视现实因素。

浪漫和现实是一对恋人，他们两人如漆似胶地相爱着，真可以说是一日不见，如隔三秋。

一次，为了考察现实对自己的忠诚程度，浪漫问："你到底爱不爱我？"

"十二分地爱你！"现实回答。

"那假设我去世了，你会不会跟我一起走？"

"我想不会。"

"如果我这就去了，你会怎样？"

"我会好好活着！"

浪漫心灰意冷，深感现实靠不住，一气之下和现实分开了，去远方寻觅真爱。

浪漫首先遇到了甜言，接着又碰见蜜语，相处一年半载后，均感不合心意。过烦了流浪的日子，浪漫通过比较，觉得现实还是多少出色一些，就又来到现实面前。

此时，现实已重病在床，奄奄一息。

浪漫痛心地问："你要是去世了，我该咋办呢？"

现实用最后一口气吐出一句话："你要好好活着！"

浪漫猛然醒悟。

看看上面的小故事，我们无法不为它的真实所震撼。其实，真正的浪漫，来自对生活的真实面对，来自对爱人的真心付出。男孩不肯用虚华的甜言蜜语来欺骗女孩的感情，这正是发自心底的真爱，也是对女孩和自己人生的负责。

真正的浪漫不是浅薄的、程式化的甜言蜜语，也不是死去活来的心灵激荡；它应该是一种切实的温馨与美好，是一种真正地、全心全意为对方着想的相互关爱。彼此携手，互相扶助，共担现实生活的风雨；以一颗浪漫美好的心，认真地生活——这才是爱情的真谛！

心灵感悟

赵咏华的歌里唱到："我能想到最浪漫的事，就是和你一起慢慢变老；一路上收藏点点滴滴的往事，留到以后坐着摇椅慢慢聊……"其实真正的爱情只有蜕变成亲情才能永存，浪漫也只能是一时的风花雪月，再美丽的爱情到最后也要踏踏实实过日子。人生短暂，几十载光阴，如梦般飘逝无痕，如果能和自己心爱的人，在余晖下，相依携手看天边的浮云，看飘零的枫叶，这何尝不是人世间最大的幸福呢？

珍惜眼前人

我们要懂得珍惜当下的幸福，不要等到失去了才追悔莫及，也不要把所有的特别合心意的希望都放在未来，这样我们才能及时品位到人生的乐趣。

从前，有一座圆音寺，每天都有许多人上香拜佛，香火很旺。在圆音寺庙前的横梁上有个蜘蛛结了张网，由于每天都受到香火和虔诚的祭拜的熏陶，蜘蛛便有了佛性。经过了一千多年的修炼，蜘蛛的佛性增加了不少。

忽然有一天，佛祖光临了圆音寺，看见这里香火甚旺，十分高兴。离开寺庙的时候不经意间看见了横梁上的蜘蛛。佛祖停下来，问这只蜘蛛："你我相见总算是有缘，我来问你个问题，看你修炼了这一千多年来，有什么真知灼见？"

蜘蛛遇见佛祖很是高兴，连忙答应了。佛祖问道："世间什么才是最珍贵的？"蜘蛛想了想，回答道："世间最珍贵的是'得不到'和'已失去'。"佛祖点了点头，离开了。

蜘蛛依旧在圆音寺的横梁上修炼。

有一天，刮起了大风，风将一滴甘露吹到了蜘蛛网上。蜘蛛望着甘露，见它晶莹透亮，很漂亮，顿生喜爱之意。蜘蛛看着甘露，它觉得这是它最开心的几天。突然，又刮起了一阵大风，将甘露吹走了，蜘蛛很难过。这时佛祖又来了，问蜘蛛："蜘蛛，世间什么才是最珍贵的？"蜘蛛想到了甘露，对佛祖说："世间最珍贵的是'得不到'和'已失去'。"佛祖说："好，既然你有这样的认识，我让你到人间走一趟吧。"

蜘蛛投胎到了一个官宦家庭，成了一个富家小姐，父母为她取了个名字叫蛛儿。一晃，蛛儿到了16岁，出落成了个楚楚动人的少女。

这一日，皇帝决定在后花园为新科状元郎甘鹿举行庆功宴席。宴席上来了许多妙龄少女，包括蛛儿，还有皇帝的小公主长风公主。状元郎在席间表演诗词歌赋，大献才艺，在场的少女无一不被他所折服。但蛛儿一点也不紧张和吃醋，因为她知道，这是佛祖赐予她的姻缘。

过了些日子，蛛儿陪同母亲上香拜佛的时候，正好甘鹿也陪同母亲而来。

上完香拜过佛，两位长辈在一边说上了话。蛛儿和甘鹿便来到走廊上聊天，蛛儿很开心，终于可以和喜欢的人在一起了，但是甘鹿并没有表现出对她的喜爱。蛛儿对甘鹿说："你难道不记得 16 年前圆音寺蜘蛛网上的事情了吗？"甘鹿很诧异，说："蛛儿姑娘，你很漂亮，也很讨人喜欢，但你的想象力未免丰富了一点吧。"说罢，和母亲离开了。

几天后，皇帝下诏，命新科状元甘鹿和长风公主完婚，蛛儿和太子芝草完婚。这一消息对蛛儿如同晴天霹雳，她怎么也想不通，佛祖竟然这样对她。几日来，她不吃不喝，生命危在旦夕。太子芝草知道了，急忙赶来，扑倒在床边，对奄奄一息的蛛儿说道："那日，在后花园众姑娘中，我对你一见钟情，我苦求父皇，他才答应。如果你死了，那么我也就不活了。"

说着就拿起了宝剑准备自刎。

这时，佛祖来了，他对快要出壳的蛛儿灵魂说："蜘蛛，你可曾想过，甘露（甘鹿）是风（长风公主）带来的，最后也是风将它带走的。甘鹿是属于长风公主的，他对你不过是生命中的一段插曲。而太子芝草是当年圆音寺门前的一棵小草，他看了你三千年，爱慕了你三千年，但你却从没有低下头看过它。蜘蛛，我再问你，世间什么才是最珍贵的？"蜘蛛一下子大彻大悟，她对佛祖说："世间最珍贵的不是'得不到'和'已失去'，而是现在能把握的幸福。"刚说完，佛祖就离开了，蛛儿的灵魂也回位了，她睁开眼睛，看到正要自刎的太子芝草，马上打落宝剑，和太子深情地抱在一起……

"世间最珍贵的是'得不到'和'已失去'。"生活总是这样捉弄人，想要的得不到，不留恋的却偏偏徜徉身边。当那个"爱我的人"对我们还恋恋不舍的时候，我们以为这一切幸福都不会消失，我们理所当然地接受他们的爱，心里却在为"得不到"与"已失去"黯然神伤。日子一天天地滑过，直到有一天那个"爱我的人"因失望而选择离开时，我们才蓦然惊醒：原来他（她）才是上天许给我的姻缘！因此要懂得的道理是：珍惜眼前人。

心 灵 感 悟

虽说爱情需要用心去等候和追求，然而生命也常常在这种固执地等待中悄然流逝了，人们却并不懂得，如何去珍惜身边的和已经拥有的；他们也不知道，自己已经得到的，其实就是最大的幸福、最真的爱情！

爱我的人还是我爱的人

在《乱世佳人》中，思嘉丽少女时代就狂热地爱上了近邻的一位青年加西亚。每当遇到加西亚，思嘉丽就恨不得把自己全部的热情都倾注在他身上，然而他却浑然不觉。在思嘉丽向加西亚表达她的爱恋之情时，被另一个青年白瑞德发现，从此白瑞德对思嘉丽产生了兴趣。加西亚没有领会思嘉丽的真情，同他的表妹梅兰结婚了，思嘉丽陷入深深的痛苦之中，然而对加西亚的爱恋依然丝毫没有减弱。后来二战爆发了，白瑞德干起了运送军民物资的生意，并借此多次接触思嘉丽。他非常欣赏思嘉丽独立、坚强的个性和美丽、高贵的气质，狂热地追求她，引导思嘉丽冲破传统习俗的束缚，激发她灵魂中真实、叛逆的内核，让她开始追求真正的幸福。思嘉丽最终经不起他强烈的爱情攻势，他们结婚了，然而思嘉丽却始终放不下对加西亚的感情，尽管白瑞德十分爱她，她却始终感觉不到幸福，一直不肯对白瑞德付出真爱，以致他们的感情生活出现了深深的裂痕。后来，他们最爱的小女儿不幸夭折，白瑞德悲痛万分，对思嘉丽的感情也失去信心，最终离开了她。白瑞德的离去使思嘉丽最终意识到自己的真爱其实就是他，然而一切悔之晚矣。

思嘉丽被一个并不爱她的男人蒙蔽了发现爱情的双眼，一生都在追求一种虚无缥缈的感觉，追求一种并不存在的所谓的爱情，当真正的爱情一直追随自己时，她却屡屡忽略。白瑞德选择了一个不爱自己的女人，也因此付出了大量的青春和感情，最终使自己伤痕累累。他们俩的选择都是错误的，因为他们选择了不爱自己的人，致使自己的感情白白付出，酿成了悲剧。

读完这个故事，我们都应该掩卷沉思，从中得到启发，避免类似的悲剧再在我们身上发生。爱情是两颗心的相互碰撞，水乳交融，单靠一个人的努力，另外一方无所回应，爱情的嫩苗不可能成长壮大，爱情的花朵也不可能结出丰硕的果实。因此，我们在寻找爱情时，一定要找一个既爱自己又被自己深深爱着的人，找一个与自己的道德观念、人生理想、信仰追求相似的人。尽管这样的爱情得来不易，适合自己的伴侣迟迟没有出现，我们也应对真爱抱有坚定而执着的信念，做到"宁缺毋滥"。因为不适合自己的"爱情"不仅不能给自己带来幸福，反而会浪费自己的青春和感情,给自己的心灵造成伤害，使我们丧失对真爱的感悟力，使伤痕累累的我们没有信心再去尝试真正的爱情，从而错过人生中的最爱，这岂不是最大的悲剧吗？

心灵感悟

爱是琴瑟相鸣，心灵相通，真正完美的、能够长久地给人带来幸福的爱情，应该是两相情愿、两情相悦的，是爱情双方互相认同和吸引的，是双方共同努力营造的。

不完美也幸福

有人说，自你一降生就有一份天定的缘为你而生。然而大千世界，人海茫茫，生命苦短，如何才能找到属于你的那个完美的伴侣呢？如果有这样一个人，他在你的心目中是绝对完美的，没有一丝缺陷，你敬畏他却又渴望亲近他，那么，这种感觉不可以叫作"爱情"，而是"崇拜"。崇拜需要创造一个偶像，就像图腾之类没有血肉的东西；而爱情不需要，爱情是真真切切地能够用手触摸、用心体会的。

一位秀慧双修的女孩大学毕业后，拒绝了很多优秀男孩的追求，最后却选择了一个毫不起眼且个子矮小的同事。周围的许多人都觉得不可思议，就连她的闺中女友也表示不理解。而她自己却很坦然，在众人疑惑的目光中，她披上婚纱与先生走进了"围城"。多年以后，当她的同学们都疲倦于营造自己的一隅、失望于当初幻想的破灭之时，众人才在同学聚会上发现：这位女孩并没有如他们原先所想的那样，被困在一个庸碌无为的圈子里，憔悴不堪；而是依然光彩照人，甚至比以前还多了一份成熟的雍容和深刻。这位女士告诉大家，她的男人不是最优秀的，有着许多的缺点，但这些在她还没有接受他的时候就已知道；而她愿意，今生今世，将自己的感情托付给这个在她遇到挫折的时候默默地帮助她、在她失意的时候热情地鼓励她，并且从不索取任何回报的男人。

由此可想，如果有一份执着而持久的感情和一份金玉其外却瞬间即逝的"感情"，你宁愿选择哪一种？世界上有许多出色的男孩和美丽的女孩，然而真正属于你的感情只能有一份，千万莫因为别人的眼光而改变了自己的挚爱，莫要活在别人的眼光里而失去了自己！

心灵感悟

真正的爱情像美丽的花朵，它开放的地面越是贫瘠，看来就格外悦眼。只有在世俗人的眼中，相貌、家室、权位和钱财才会成为爱情的绊脚石。爱情只是心与心的对话，无须这些世俗之物的加入。能够对两个恋人之间的感情和恩怨做出评判的，只有他们自己。

爱其实很简单

一个失去四肢的女孩，身残志坚，凭着她坚强的毅力、无比坚韧的生命力和强烈的自信心，坚强地活了下来，她不但不需要别人的照料，而且一直是靠自己的辛勤劳动养活自己，因此她被当作先进典型，在电视上广为宣传。电视上的她看上去美丽、自信，和一个正常人没有两样，甚至比许多正常人看上去更快乐、更精神。她是一个真正美丽的女人。而一位小伙子正是被她顽强的生命力，被她对生活无比热爱的精神所感动，也因她的艰难困苦而同情不已，并被她的真爱所感动。于是，这位健康、帅气的小伙子，不顾家人的顽固阻挠和世人的闲言碎语，娶了她。他们过起了幸福、甜蜜、相濡以沫的美满生活。不久，勤劳而贤惠的妻子冒着生命危险，坚决要为亲爱的丈夫生下一个孩子，以满足丈夫的心愿。丈夫因为妻子的生命安全而劝阻她，然而妻子甘愿冒这个险。于是，在经历了痛苦的煎熬之后，妻子生下了一个男孩，一个健康、可爱的男孩！这是上天对他们的恩赐，对这位美丽女性的恩赐。不久，他们又拥有了自己的第二个孩子，一个活泼可爱、健康漂亮的女儿，看着电视上流露甜蜜笑容的夫妻俩，相信所有的人都会无比欣慰和感动。

他们是不幸的，他们承受了比常人更多的艰辛和困苦，然而他们又是幸福的，他们体会着许多常人不曾体会过的喜悦和甜蜜。他们是满足的，所以他们是幸福的；他们是相依为命的，所以他们的爱情是无比坚韧的，不可击破的；他们的爱情来之不易，所以他们比常人更加珍惜。

他们坚守着他们的爱情，尽管他们平凡；他们充满信心而无比虔诚地过着他们的日子，尽管他们贫穷；他们的爱情无比动人，令人羡慕，因为他们真诚而炽热地爱着对方，尽管他们的爱情没有惊天动地，没有令人羡慕的玫瑰，没有浪漫的烛光晚餐；妻子没有动人心魄的容貌，丈夫不是文质彬彬的绅士，然而，他们爱得真诚。他们的爱很简单，但他们的爱却很长久。有一天，皱纹爬上他们的面颊，他们看上去苍老、皮肤粗糙，然而他们的爱还存在着。

心灵感悟

爱情是短暂人生中所做的最绚丽、最珍贵、最神秘的精神漫游；爱情是皇冠上的珍珠，格外神圣和珍贵。爱其实很简单，爱是个人内心的一种感受，无所谓是非对错的标准。其实只要你觉得自己是幸福的，那你就是幸福的。

成金之爱

　　旷世才女林徽因曾经与徐志摩有过一段恋情，但后来在梁启超的大力促成下，林徽因嫁给了梁启超的儿子梁思成，成就一段良缘。梁思成与林徽因在建筑上的许多见解都影响深远。但著名的哲学家、逻辑学家及教育家金岳霖，为了林徽因却终生未娶。

　　梁思成在林徽因死后续娶他的学生林洙，林洙在怀念金岳霖的文集里披露了一段故事：当时梁林夫妇住在总布胡同，金岳霖就住在后院，但另有旁门出入，平时走动得很勤快，就像一家人。1931年梁思成从外地回来，林徽因很沮丧地告诉他："我苦恼极了，因为我同时爱上了两个人，不知道怎么办才好！"梁思成非常震惊，一种无法形容的痛苦捉住了他，仿佛连血液都凝固了。他一夜无眠翻来覆去地想，他一方面觉得痛苦，一方面也很感谢林没有将他当成一个傻丈夫，她坦白而诚实得好像是个小妹妹招惹了麻烦向哥哥讨主意。他问自己，徽因到底和谁在一起会比较幸福？他虽然自知他在文学、艺术上有一定的修养，但金岳霖那哲学家的头脑是自己及不上的。第二天，他告诉林徽因："你是自由的，如果你选择了老金，我祝愿你们永远幸福。"说着说着，两个人都哭了。后来林将这些话转述给金岳霖，金岳霖回答："看来思成是真正爱你的，我不能伤害一个真正爱你的人，我应该退出。"从此他们再不提起这件事，三个人仍旧是好朋友，不但在学问上互相讨论，有时梁思成和林徽因吵架，也是金岳霖做仲裁，把他们糊涂不清楚的问题弄明白。

　　金岳霖再不动心，终生未娶，待林梁的儿女如己出。

　　我们不禁对这两个男人博大的胸怀和洒脱的性情肃然起敬！他们是真正领悟了爱情的真谛：给爱人自由，尊重爱人的选择。当林徽因面临爱情的抉择时，两个男人都从他们的爱人和朋友的幸福出发，做出让步，让所爱的人真正快乐。而做出这样的选择需要何等的勇气！正如有所放弃就会有回报一样，梁思成的让步使他再次赢得了爱的权力，金岳霖的让步使他们之间的友谊更加深厚，更加牢固。

我们即使做不到这两位先辈那样的洒脱，但我们也要学会如何去爱我们所爱的人。我们要学会在适当的时候放手，给对方以追求幸福的机会，同时也成全我们自己的幸福和快乐。因为，放手的同时，意想不到的快乐也会悄然降临。

心灵感悟

爱的真谛不是自私也不是约束，更不是占有。把"爱"字分解开来，你会发现它其实是一只手抚慰着朋友的头，无论对待亲人还是朋友，我们要用心去爱，用手去抚慰他们的痛苦，这就是爱的真谛。当你真正爱对方的时候，应该助对方一臂之力，让对方去飞翔……

买爸爸的1个小时

人类的生活节奏趋向已越来越快，人们的生活压力也随之越来越大了。越来越多的父母如今已难得有充足的时间来陪伴孩子。时间真是个件奇妙的东西，可以创造无尽的金钱，也可以创造无价的亲情，就看你怎么去分配了。

父亲下班回家已经很晚了，身体疲倦、心情也不太好。这时，他发现5岁的儿子正靠在门边等他。

"我可以问你一个问题吗？"儿子问。

"什么问题？"父亲有些不耐烦。

"爸，你1个小时能挣多少钱？"

"这与你无关。为什么要问这样的问题？"父亲生气地说。

"我只是想知道。"儿子望着父亲，恳求道，"请告诉我，你1小时挣多少钱？"

"假如你一定要知道的话，那我就告诉你吧。我一个小时挣20美元。"父亲有点按捺不住了。

"喔。"儿子沮丧地低下头。过了一会儿,他又抬起头,犹豫地说:"爸——可以借给我 10 美元吗?"

父亲终于发怒了:"如果问这种问题就是想要向我借钱去买毫无意义的玩具,那你还是回房间去,躺到床上好好想想为什么你会那么自私。我每天长时间辛苦工作,现在需要休息,没时间和你玩小孩子的游戏。"

儿子一声不吭地走回自己的房间,轻轻关上了门。

儿子走后,父亲还在生气。过了一阵儿,他渐渐平静下来。想到自己刚才有些粗暴,便走进孩子的房间,轻声问:"你睡了吗?"

"爸,还没呢。我还醒着。"儿子回答道。

"爸爸今天心情不太好,所以刚才可能对你太凶了,"父亲说,"这是你要的 10 美元。""爸,谢谢你。"儿子欣喜地接过钱,然后又从枕头下拿出一些皱皱的钞票,仔细地数起来。

"你已经有钱了为什么还要?"父亲又开始生气了。

"因为只有那些还不够,不过现在足够了。"儿子回答道。然后他将数好的钱全部放在父亲手里,认真地说:"爸,我现在有 20 美元了,我可以向你买 1 个小时的时间吗?明天请早一点回家,我想和你一起吃晚餐。"

心灵感悟

爱需要时间来表达。工作缠身的父母,尽量留一些时间给孩子吧。倾听他们的心声,不要忽略他们的感受。孩子如同栽种的花草一样,是需要时间来灌溉和呵护的。

爱情不可以握得太紧

爱情如手中的一捧流沙,你握得越紧,流失得越多。爱情不能完全用理智把握,需要我们用心体会和感受。

一个即将出嫁的女孩,向她的母亲提了一个问题:"妈妈,婚后我该怎样把握爱情呢？"

"傻孩子，爱情怎么能把握呢？"母亲诧异道。

"那爱情为什么不能把握呢？"女孩疑惑地追问。

母亲听了女孩的问话，温情地笑了笑，然后慢慢地蹲下，从地上捧起一捧沙子，送到女儿的面前。女孩发现那捧沙子在母亲的手里，圆圆满满的，没有一点流失，没有一点撒落。接着母亲用力将双手握紧，沙子立刻从母亲的指缝间泻落下来。当母亲再把手张开时，原来那捧沙子已所剩无几，其团团圆圆的形状，也早已被压得扁扁的，毫无美感可言。

女孩望着母亲手中的沙子，领悟地点点头。

爱情是生活中美好的东西，但却往往因为我们对它提出过分的要求而被破坏了。

爱情无须刻意去把握，越是想抓牢自己的爱情，反而越容易失去自我，失去彼此之间应该保持的宽容和谅解，爱情也会因此而变成毫无美感的形式。

心灵感悟

爱情需要自由呼吸的空间，如果你因害怕失去爱情而紧紧地握住它，不给它任何自由的话，那只能事与愿违。只有让爱自由地呼吸，爱情之树才能长得枝繁叶茂。

爱需要勇气

爱情的美丽在于勇敢无畏的追求过程。如果你真的爱上了一个人，不要害怕拒绝，勇敢地去追求，只要曾经努力过，不管今的后成功与否，你都不再留下遗憾。

荷兰足球明星克鲁伊夫曾5次被评为荷兰"足球先生"，3次被评为欧洲"足球先生"。他风度翩翩，言谈举止十分讲究。他曾收到许多姑娘的情书，但他没有理会，因为他要在绿茵场上迅跑。一次，他收到一个用裘皮精装的日记本。每一页上都只有一个名字，他自己亲笔写的名字——克鲁伊夫。一直翻到最后才有一篇文章，那秀丽流畅的笔迹使克鲁伊夫惊诧不已，他一口气读完了它：

"……我已经看过你踢的100多场球，每一场都要求你签名，而且也得到了，我多么幸运啊！当然，对于拥有无数崇拜者的你来说，我是微不足道的一个，'爱是群星向天使的膜拜'，但我敢说，我是最有心计的一个，我多么希望你对我已经有一点印象啊……

"坦率地说，我爱你，这封信花了我整整一个星期，我曾经在月下彷徨，曾经在玫瑰园惆怅，也曾经在王子公园徘徊，好多次想迎着你，我毕竟才19岁，少女的羞涩仍不时漾上脸来，心中只有恐惧和向往……现在，爱神驱使我寄出了这个本子。

"……如果你不能接受我奉上的爱情，请把这个本子还给我，那上面'克鲁伊夫'的名字会给我破碎的心一半的慰藉，那另一半就是你，我多么想也得到那另一半啊……"

这封信的字里行间流露出的真挚感情，深深打动了克鲁伊夫，他终于留下了本子。一星期后，在王妃公园的马达卡亚塑像旁，克鲁伊夫和丹妮·考斯特尔相会了。21岁的世界足球明星和19岁的美丽姑娘一见钟情，遂定金石之盟。

"功夫不负有心人"，在追求爱情方面也是如此。在爱的旅程中，最可贵的精神就是执着。

心中有爱，却不懂得如何去追求爱，你只能在苦苦地等待中看着自己的爱悄悄溜走。被动，使你永远在等待。其实，在许多情况下，自卑是爱的第一大天敌。自卑的人就像一根受了潮的火柴，很难点燃幸福的火花。只有克服自卑，才能燃起心中爱情的烈焰。一个自卑的人并不是自己不如人，而是对自己太过苛求，是一种性格的缺陷。爱情之路上不需要犹豫与懦弱，需要勇气。

心灵感悟

有时候我们"暗恋"一个人，但我们却没有勇气捅破那层窗户纸。于是我们在犹豫和怯懦中等待，日子从身边悄无声息地溜走，直到对方真的远离我们的视线，我们才发现自己已错过许多爱的机会。其实，大胆一点也许会有意想不到的收获呢！就算是被拒绝也无所谓，那样也足以让这颗悸动的心安宁了。

"青草娃娃"的爱

犹豫和怯懦是爱情的天敌。年少的岁月不应有"后悔"这样的字眼，大方一点，勇气将助你前行，别让对方等待得太久，错过爱的季节后，连上帝也没有办法挽留爱情的脚步。

乔治在礼品店外徘徊良久，丽萨的生日即将来临，他想给自己心仪已久的女孩买个礼物，表达他对她的爱意。他终于鼓足勇气，迈进了那家装饰精美的小店，然而店中琳琅满目的礼品却都价格昂贵，囊中羞涩的他只能尴尬离开。

"买个'青草娃娃'吧，只要两元。"一位中年妇女迎面走过来。他看到她的篮子里满是"青草娃娃"，黑黑的眼睛、红红的嘴巴，很可爱，花布里面包着泥土，顶上撒着花草种子。

"你每天给它浇水，半个月以后，种子就会发芽，长出青青的草，很逗女孩子喜欢的。"妇女一个劲儿地怂恿他。于是他拿出攒了很久的钱，小心地递给了她。

回到宿舍，乔治把"青草娃娃"放在窗台上，每天用自己的茶杯浇水时，他都怀着虔诚的心祈祷：快点儿发芽吧，快点儿长出一片青草吧。

在丽萨的生日晚会上，她的追求者送来了许多礼物，有生日蛋糕，有高档时装，有芬芳的鲜花，甚至有人送了昂贵的首饰，摆在桌上，琳琅满目。

乔治也来了，两手空空地来了，他的"青草娃娃"没有发芽。

丽萨满怀期待地望着他，她其实早已注意到他灼热的目光，而且他的才学、他的气质都令她怦然心动。她等待着今天晚上他当众向她表白，她就可以幸福地挽住他的手臂，谢绝其他人的追求。

然而，乔治不敢迎接她的目光，在这一大堆豪华的礼物面前，他自惭形秽，如坐针毡，晚会还未结束，他就离开了。他甚至没有告别，就匆匆地走了，当然，他也没有看见她暗藏的幽怨和伤心。

他心灰意冷，再也没给"青草娃娃"浇水。

他暗暗发誓：等他将来有钱了，一定要给她买最昂贵的礼物。

放寒假了，大家都收拾行囊，准备回家。乔治突然发现窗台上有一片绿，仔细一看，"青草娃娃"竟然真的长出了一片嫩绿的青草！压抑很久的思念，突然像这些青草一样蓬勃升起。

他想起了久未见面的丽萨，他把"青草娃娃"揣在怀里，飞也似的跑去找她。

他顾不上等车和坐电梯，一路飞跑。当他大汗淋漓地跑进她的宿舍时，已经人去楼空！丽萨已经走了，别人告诉他，丽萨已经接受了一个男孩的追求。

他只觉得心里一下空荡荡的，他一直等待着欣赏"青草娃娃"的好时机，与所爱的女孩儿共赏这生命最甜美的一场盛宴。然而，好不容易等到"青草娃娃"发芽了，心爱的人却已去了远方。早知如此，应该在生日那天就送给她，两人一起浇灌这爱情的幼芽。

心灵感悟

爱是一种份缘，缘分始于漫不经心的追寻，却经不起漫不经心的等待，它需要缘分两端的人去珍惜。时间带来了爱情，相信也能带来幸福，下次它从身边经过的时候，不要放开它的手。

伟大的亲情

没有无私的、自我牺牲的母爱的帮助，孩子的心灵将是一片荒漠。父母的爱是世间最伟大的爱，因为它从来不要求回报。要珍惜父母给予我们的爱，并时刻准备着用孝心去回报。

　　有一对夫妇是登山运动员，为庆祝他们儿子一周岁的生日，他们决定背着儿子登上 7000 米的雪山。夫妇俩很快轻松地登上了 5000 米的高度。然而，就在他们稍事休息准备向新的高度进发之时，风云突起，一时间狂风大作，雪花飞卷。气温陡降至零下 34 度。由于风势太大，能见度不足一米，或上或下都意味着危险或死亡。两人无奈，情急之中找到一个山洞，只好进洞暂时躲避风雪。

　　气温继续下降，妻子怀中的孩子被冻得嘴唇发紫，最主要的是他要吃奶。要知道在如此低温的环境下，任何一寸裸露的肌肤都会导致体温迅速降低，时间一长就会有生命危险。怎么办？孩子的哭声越来越弱，他很快就会因为缺少食物而被冻饿而死。丈夫制止了妻子几次要喂奶的要求。他不能眼睁睁地看着妻子被冻死。然而，如果不给孩子喂奶，孩子就会很快死去。妻子哀求丈夫："就喂一次。"丈夫把妻子和儿子揽在怀中。喂过一次奶的妻子体温下降了两度。她的体能受到了严重的损耗。时间在一分一秒地流逝，孩子需要一次又一次地喂奶，妻子的体温在一次又一次地下降。

　　3 天以后，当救援人员赶到时，丈夫已冻昏在妻子的身旁。而他的妻子——那位伟大的母亲已被冻成一尊雕塑，她依然保持着喂奶的姿势屹立不倒。她的儿子，她用生命哺育的孩子正在丈夫的怀里安然地睡眠，他脸色红润，神态安详。

　　为了纪念这位伟大的母亲，丈夫决定将妻子最后的姿势铸成铜像，让她最后的爱永远流传。

心 灵 感 悟

　　父母为了自己的孩子可以不顾及自己的生命，这种爱中不掺杂一丝利害打算的念头。我们应该向父母的伟大而无私的爱顶礼膜拜。在我们的心头，应该永远牢记他们的恩情，用一颗赤诚的儿女心去回报他们。

不要仇恨而要爱

一家新开业的礼品店热闹了一阵后，慢慢地安静了下来。年轻的姑娘黛丝刚把凌乱的柜台整理好，一位20多岁的男青年进了店。他瘦瘦的脸颊，戴副近视镜。他冷冰冰的目光在店中搜索，最后落在窗边那只柜台里。黛丝顺着男青年的目光看去，见他正盯着一只绿色玻璃龟出神。

她走过去轻声问道："先生，你喜欢这只龟吗？我拿出来给你看。"

男青年似乎对看与不看并不在意，伸手把钱包掏出来，问道："多少钱一只？"

"20元。"

"啪"，青年不假思索地把钞票拍在柜台上。

面对黛丝递过来的乌龟，青年人眯起眼睛慢慢地欣赏着，脸上的肌肉时不时地抽动一下，继而一丝笑容勉强地跳了出来。他自言自语道："好，把它作为结婚礼物是再好不过了。"青年人的脸兴奋得有点扭曲，两眼灼灼闪光。

黛丝在一旁细心地观察着青年人，她对青年人自言自语的那句话感到极大的震惊。虽然她刚刚离开校门不久，但她知道那种东西若出现在婚礼上，无疑是投下一枚重磅炸弹。女孩表情平静地问道："先生，结婚的礼物应当好好包装一下的。"说完弯腰到柜台下找着什么。"真不巧，包装盒用完了。"女孩说道。

"那怎么行，明天一早我就要急用的。"

女孩忙说："不要紧，您先到别处转一下，20分钟以后再来，我包装好了等你，保证让你满意。"

20分钟以后，青年人如约取走了那盒包装得极精美的礼物，像战士奔赴战场一样，去参加他以前曾经深深爱过的一位姑娘的婚礼。

婚礼的第二天晚上，青年人终于等到了姑娘打来的电话，当他听到那久违而又熟悉的声音时，双腿一软竟坐在了地板上。

这一天他度日如年，是在悔恨和自责的心态中熬过的。他像一个等待法官宣判的罪人一样，等待着姑娘对他的怒斥。可他万万没想到，电话中传来的却是姑娘甜甜的道谢声："我代表我的先生，感谢你参加我们的婚礼，尤其是你送来的那份礼物，更让我们爱不释手……"爱不释手？他简直不相信自己的耳朵，他不知道通话是怎么结束的。

青年人度过了一个不眠之夜。清早，他来到礼品店，进门一眼就看见那只乌龟还安详地躺在柜台里，此时他似乎明白了一切。

对青年人的突然出现，黛丝的确有些感到意外。望着他那红肿的眼睛，黛丝发现里面已不再是那绝望的冷酷。青年人嘴唇哆嗦了一下，似乎要说些什么。突然他走到黛丝面前深深地鞠了一躬，等他再抬头时，已是泪流满面。他哽咽地说道："谢谢你，谢谢你阻止我滑向那可怕的深渊。"

黛丝见青年人已经明白了一切，从柜台里取出一个盒子，打开后交给了他，轻声说道："这才是你送去的真正礼物。"原来那是一尊水晶玻璃心，两颗相交在一起的、什么力量也无法把它们分开的水晶玻璃心。此时，一缕晨光透过窗子照在水晶心上，折射出一串绚丽的七彩光来。

青年人惊叹道："太美了，实在太美了。这么贵重的礼物，我付的钱一定是不够的。"

黛丝忙打断他说道："论价值它们是有差别的，但它如果能了却你们以前的恩恩怨怨，那它也就物有所值了。至于两件礼物之间所差的那点钱，也不必想它，将来你还会遇到更好的姑娘，那时候你再到我的店里多买些礼物送给她，就算感谢我了。"

不论是谁在遭到自己最爱的人无情离弃和愚弄后，那份悲愤与怨恨都是不难想象的。可是为什么重逢之际，当初那种火山喷涌的怨怒与报复欲没能复燃，却要情不自禁地用一颗同情的心体谅对方。对曾经负情之人再伸出温情之手去拉她一把或选择悄悄走开，这说到底，还是爱。因为，他们曾经真正地爱过、痛过。那份爱，深入骨髓，温暖过他们的心灵和生命旅程。时间的流水可以带走很多东西，诸如忧伤、仇恨，但永远抹不去最初的那份爱恋在心灵上留下的温馨、美好与感动。那份爱，已如磐石，无法撼动。没有人会为了收获仇恨而去播种爱的种子。即使不能相爱，即使曾经爱过的人伤害过我们，我们总不该因爱成仇。学会忘却对方给的伤害！如果不能感恩，起码不用嫉恨，那只会让曾经的爱恋成为痛苦的记忆，带给双方难以抚平的伤痕。

心灵感悟

既然已经失去了，就将它尘封吧，让它化作心底的一汪清泉，时刻滋润我们干渴的心田。每个人心底里都有一个角落，那里住着一个特殊的人，一份别样的记忆，专属于我们自己。对于已经逝去的爱，我们应怀有感恩的心情将它埋藏，感谢对方曾给予我们的快乐。无论幸福如何短暂，但幸福的味道都一样，爱神不会剥夺任何人爱与被爱的权利。

当爱已成往事

少男少女踏进青春的门槛时，自然会对异性产生好奇与爱慕。最初的爱情是这样的美好而单纯，然而就是因为它单纯，所以也脆弱。它往往是迫不及待、无比强烈地开始，经过短暂的激情很快就会搁浅。女孩们，如果你的爱在无望中结束时，请不要悲伤。

一个清秀的女孩失恋了。她来到当初她与以前的男友约会的公园里，伤心地哭了起来，她哭得很悲戚。很多人看她伤心的样子，都耐心地劝导她，可是，别人越是劝她，她越是觉得自己很委屈，她不明白为什么男孩不再爱她了。渐渐地，她逐渐由伤心变成了不甘心，又由不甘心变成了怨恨，她不甘心自己的爱为什么不能换来同样的回报，她怨恨他太狠心，太无情。她越哭越悲伤，难以遏止，陷于强烈的失落、自卑和悔怨中不能自拔。

一个长者知道她为什么而哭之后，并没有安慰，而是笑道："你不过是损失了一个不爱你的人，而他损失的是一个爱他的人。他的损失比你大，你恨他做什么？不甘心的人应该是他呀。再说，他已经不爱你了，你还要以伤心、怨恨，来让这份失败的感情阻碍你今后的生活吗？"姑娘听了这话，忽然一愣，转而恍然大悟。她慢慢擦干泪，决心重新振作，投入新的生活。

是啊，当爱情离我们远去的时候，我们要尽力挽留；当我们无法挽留的时候，最好的处理方式，就是忘掉，忘掉以前的愉快和不愉快。因为任何好的或不好的回忆，对于失恋者都是一种灵魂的刺痛。

当我们学会了忘记，才会真正的解脱，才会学会宽容。有人说，经历了真正的爱之后，人才会成熟。不论结果如何，只要我们真心付出过，坦诚地对待过，也就不会有什么后悔的地方。成熟的心志，才会产生成熟的感情。青涩年华产生的爱情，单纯而无比美妙。但是，它通常很难经得起岁月的考验，很难历练成恒久、深沉的真爱。就让那些过去成为美好的回忆吧。

心灵感悟

我们仍然年轻，我们还有很多时间和机会去寻找爱，重新去爱。我们有理由相信，总有一份爱在未来的日子里期待着我们呢。因此，当爱搁浅时，试着放松你的手，也放松你的心灵吧。

爱情在于经营

爱是相互给予，而不是不断地索取。爱情需要精心维护和营造，一味地享受爱情的甜蜜，不知给爱的花园浇水施肥，爱的花朵迟早会枯萎。

一位悲伤的少女求见爱神。

"爱神，你掌管着人世间的爱情，现在，我有件关于我的爱情的事请教您，希望您能帮助我。"

"可怜的孩子，请说吧。"爱神说。

少女停顿了一下，忧伤的声调令人心碎：

"我爱他，可是，我马上就要失去他了。"少女流泪了。

"孩子，请慢慢从头说吧，怎么回事？"爱神慈祥地说。

"我与他深深相爱着。他以他的热情，日复一日地用鲜花表达着他对我的爱。每天早上，他都会送我一束迷人的鲜花，每天晚上，他都要为我唱一首动听的情歌。"

"这不是很好吗？"爱神说。

"可是，最近一个月来，他有时几天才送一束花，有时根本就不为我唱歌了，放下花束就匆匆离去了。"

"唔？问题出在哪儿呢？你对他的爱有变化吗？"

"没有，我一直从心里深深爱着他。但是，我从来没有表露过我对他的爱，我只能以冰冷掩饰内心的热情。现在他对我的热情也在慢慢逝去，我真怕，真怕有一天失去他。爱神，请指教我，我该怎么办？"

爱神听完少女的诉说，从屋里取出一盏油灯，添了一点儿油，点燃了它。

"这是什么？"少女问。

"油灯。"

"点它做什么？"

"别说话，让我们看着它燃烧吧。"爱神示意少女安静。

灯芯嘶嘶地燃烧着，冒出的火苗欢快而明亮，它的光亮几乎映亮了整个屋子。然而，渐渐地，随着灯油越来越少，灯芯火焰也越来越小，光线变弱了。

"呀！该添油了！"少女道。

可是爱神示意少女不要动。任凭灯芯把灯油烧干，最后，连灯芯也烧焦了，火焰终于熄灭了，只留下一缕青烟在屋中飘浮。

少女沉思了一会，恍然大悟。

如同故事中的那位少女，我们许多人都和她一样，固执地以为我们的爱永不褪色，永远新鲜，于是以"爱"的名义不断地向对方索取，殊不知，此刻爱已变了味道。

爱其实需要表白，还需要不断培养，否则爱情之花终究会凋落。

心灵感悟

爱情的经营，应该是彼此的共赢，即一个人加上一个人的力量，要大于两个人的力量。两个人的结合，是要为彼此带来更为丰富精彩的人生经历和幸福，那才是爱情的真正使命。

爱不一定要占有

爱的真谛不是自私也不是约束，更不是占有，而是要让对方自由地飞翔。1853 年，作曲家布拉姆斯幸运地结识了舒曼夫妇。

舒曼非常赏识布拉姆斯的音乐天赋，并热情地向音乐界推荐了这位年仅 20 岁的后起之秀。

但不幸的是，半年后舒曼就因精神失常而被送进了疯人院。当时，舒曼的夫人克拉娜正怀着身孕，残酷的现实使她悲恸欲绝，难以接受。这时，布拉姆斯来到了克拉娜身边，诚心诚意地照顾她和孩子，还时常到疯人院看望恩师舒曼。

克拉娜是一位很有教养、品行高尚的钢琴家。在那段患难与共的日子里，布拉姆斯难以抗拒地深陷了，他最初对克拉娜的崇拜，竟渐渐转化成真挚的爱恋。尽管她大他 14 岁，而且已是 7 个孩子的母亲，但这些丝毫不能减弱他对她的痴情，爱恋的情感，毫不留情地深深将他包围；然而，他也清楚地知道，克拉娜永远不会响应这份深刻的情感，可是他仍不放弃，只求能够静静地陪伴、支持自己的所爱。

其实，克拉娜并非草木，但她始终克制着，克制着……布拉姆斯从克拉娜身上看到了自我克制的人性光辉，这样的克拉娜，让他更为恋慕，因此他决意成全。他将满腔的情意，投诸文字之中，不断地写情书给克拉娜，却始终一封也未寄出。他更把所有的爱恋都倾注在五线谱上，整整 20 年，他终于写成了《小调钢琴四重奏》，一座用 20 年生命和激情铸造的爱情丰碑！

爱的最高境界不是索取，而是真心希望对方获得幸福。如果仅仅将爱的定义等同于占有，那么就将爱庸俗化了。

故事中作曲家布拉姆斯对克拉娜炽烈的爱无处倾诉，他选择了将爱谱写成乐曲，这种人性的高尚也使得他的作品多了一份庄严的分量。

真爱一个人不是要得到他，或放置身边，而是内心为他祈愿。如果不能在一起，就不要捅破这道墙，让美丽永驻心间。

心 灵 感 悟

真正的爱是"你快乐所以我快乐"，只要对方的心灵能有一个宁静、幸福的所有，我们宁愿远远观望，也不去打破这一份静谧。

爱的双方是平等的

爱要彼此尊重，夫妻之间，或爱人之间，一旦在人格上瞧不起对方，爱情就会消失。

1848 年，大英帝国的维多利亚女王和她的表哥阿尔伯特公爵结了婚。和女王同岁的阿尔伯特比较喜欢读书，不大喜欢社交，对政治也不大关心。

有一次，女王敲门找阿尔伯特。

"谁？"里面问道。

"英国女王。"女王回答道。

门没有开。敲了好几次以后，女王突然感觉到了什么，又敲了几下，用温柔的语气说："我是你的妻子，阿尔伯特。"

这时，门开了。

爱是什么？恐怕这问题是个难题，人人都有自己的答案。但爱应该包含相互尊重是毫无疑问的，不平等的两个人是不会产生爱情的。这"平等"要求的不是社会地位平等或别的什么身份，而是人格与感情的平等。

爱情使者丘比特问爱神阿佛洛狄特："LOVE 的意义在哪里？"

阿佛洛狄特说：

"L"代表 Listen（倾听），爱就是要无条件无偏见地倾听对方的需求，并且予以协助。

"O"代表 Obligate（感恩），爱需要不断地感恩，付出更多的爱，灌溉爱的禾苗。

"V"代表 Valued（尊重），爱就是展现你的尊重，表达你的体贴，真诚地鼓励，发自内心地赞美。

"E"代表 Excuse（宽恕），爱就是仁慈地对待，宽恕对方的缺点和错误，接受对方的全部。

也许爱神阿佛洛狄特的解答是贴近真实的，爱不是用语言所能完全表述的，爱更多的是内心体验，一旦说出来就完全变了味儿。

在真爱中的两个人，无论双方的学识、地位、财富有多么大的差距，也不能用"高人一等"的语言来刺伤对方。如果一个人想用这种方式来展示他的权威，那么他显然是错误的，因为他将失去幸福的机会。

心灵感悟

爱情就像一朵非常容易凋谢的花。它需要两颗真诚的心，共同去灌溉，才能保持长久芬芳的生命力。不论是谁，在爱与被爱之间，在上帝面前，我们任何人都是平等的。若在爱情里面掺杂了和它本身不相关联的顾虑，那就不是真的爱情。

母亲永不卑微

这个世界上从没有卑微的母亲，也没有卑微的母爱。

故事发生在奥地利。

罗莎琳是一个性格孤僻、胆小羞涩的 13 岁少女，很小的时候她的父亲就去世了。母亲索菲娜在一家清洁公司工作，靠微薄的薪金把罗莎琳一手抚养大。因为家境的贫困，罗莎琳常常受到别人的歧视和欺侮，这些都给她幼小的心灵投下了浓重的阴影。久而久之，她对母亲开始心生怨恨，认为正是母亲的卑微才使她遭受如此多的苦难。

2002年2月下旬的一天，索菲娜由于工做出色而被允许休假一周。为了缓和母女之间的关系，索菲娜决定带女儿去阿尔卑斯山滑雪。但不幸降临了，她们在雪地里迷了路，对雪地环境缺乏经验的母女俩惊慌失措。她们一边滑雪一边大声呼救，不想，呼喊声引起了一连串的雪崩，大雪把母女俩埋了起来。出于求生的本能，母女俩不停地刨着雪，历经艰辛终于爬出了厚厚的雪堆。母女俩挽着手在雪地里漫无目的地寻找着回归的路。

突然，索菲娜看见了救援的直升机，但由于母女俩穿的都是与雪的颜色相近的银灰色羽绒服，救援人员并没有发现她们。

当罗莎琳醒来时，发现自己正躺在医院的床上，而母亲索菲娜却不幸去世了。医生告诉罗莎琳，真正救她的是她的母亲。索菲娜用岩石片割断了自己的动脉，然后在血迹中爬出了十几米的距离，目的是想让救援的直升机能从空中发现她们的位置，也正是雪地上那道鲜红的长长的血迹引起了救援人员的注意。

中国有句俗语，"儿不嫌母丑，狗不嫌家穷"。故事中的罗莎琳因为嫌弃母亲的卑微，而对母亲产生可怕的憎恨，然而她的母亲却为她牺牲了自己的生命。这个世界只有不孝的孩子，却从来没有自私的母亲。一个母亲，无论她在社会中所扮演的角色多么弱小与轻微，她的母爱也会令她变得光辉。

心灵感悟

父母对我们的爱是天底下最纯洁伟大的爱。这个世界谁都可能背叛自己，但是父母不会！谁都可能抛弃我们，但是父母不会！谁都可能把我们遗忘，但是父母不会！即使我们的家一贫如洗，即使在我们的成长过程中遭受了许多苦难，这个家也永远是我们挡风遮雨的温暖所在。

与家人和睦相处

　　和睦的家庭是世界上的一种花朵，没有东西比它更温柔，没有东西比它更知道怎样把一家人的天性培养得坚强、正直。人生真正的幸福和欢乐，浸透在亲密无间的家庭关系中。

　　有一个美籍亚裔家庭，父亲去世后，他的人寿保险使儿女们获得了一笔不错的补偿。母亲认为应该好好利用这笔遗产，在乡间买一栋有园子可种花的房子，让全家搬离哈林贫民区；女儿则想利用这笔钱去实现一个梦想——上医学院。

　　然而，大儿子却提出一个要求：他希望用这笔钱和朋友一起创业。他说，这笔钱将使他功成名就，并让家人的命运得到彻底改变。他承诺说，只要给他这笔钱，他将使家人多年来忍受的贫困得到补偿。这是一个难以拒绝的要求。

　　母亲尽管感到不是非常可靠，还是决定把钱交给儿子，她承认他以前从来没有得到过这样的机会，他有理由获得这笔钱的使用权。

　　结果儿子的朋友很快携款而逃。

　　带着坏消息，失望的儿子只好告诉家人，梦想已经破灭，美好的生活已经没有可能。妹妹用各种难听的话对他冷嘲热讽，用每一个轻蔑的字眼来斥骂他。哥哥在她眼里几乎成了一钱不值的废物。

　　"我曾教过你，"当女儿骂得不知住口时，母亲打断她说，"我曾教过你要爱。"

　　"爱他？"女儿一脸惊讶，说，"他已经毫无可爱之处。"

　　"任何人总有他的可爱之处，"母亲说，"一个人假如不学会这一点，那你就什么也没学会。你为他落过一滴泪吗？我不是指为了我们全家失去了那一笔钱，而是为你哥哥，为你的亲兄长所经历的一切及他的不幸遭遇。孩子，你想一想，我们什么时候最应该去爱人？是当他们一切事情做得好上加好，让每一个人都感到满意的时候吗？假如是那样，你就远远没有学会，因为那根本不到时候。不，应当在他们遭受挫折、意志消沉、不再信任自己的时候。孩子，评价他人应该用中肯的态度，要知道，一个人穿越了多少风雨黑暗，才成为这样的人。"

一个和睦的家庭需要每一个成员的努力，相亲相爱是任何作为父母者都愿意看到的。倘若有一日父母先我们一步离开人世，我们剩下的唯一的亲人，除了兄弟姐妹还有谁？除了他们，又有谁还能与我们一起细数逝去的童年岁月，以及往日父母在时的温馨？

真心地爱他们吧，用真诚换真诚，作为父母也会非常高兴看到这和谐的画面。

心 灵 感 悟

佛说："前世500年的回眸才换来今生的一次擦肩而过。"那么，我们又需要积累多少世的造化才换来今世的相遇相聚？我们的兄弟姐妹和我们是流淌着同样血液的人，这是何等神奇而又难得的缘分啊，让我们学会彼此珍惜吧。

父爱无言

父爱是深沉、宽厚的，虽默默无言，却无时无刻不让我们感觉到它的分量。

在乔治的记忆中，父亲一直就是瘸着一条腿走路的，他的一切都平淡无奇。所以，他总是想，母亲怎么会和这样的一个人结婚呢？

一次，市里举行中学生篮球赛，他是队里的主力。他找到母亲，说出了他的心愿，他希望母亲能陪他同往。母亲笑了，说："那当然，你就是不说，我和你父亲也会去的。"他听罢摇了摇头，说："我不是说父亲，我只希望你去。"母亲很是惊奇，问："这是为什么？"他勉强地笑了笑，说："我总认为，一个残疾人站在场边，会使得整个气氛变味儿。"母亲叹了一口气，说："你嫌弃你的父亲了？"父亲这时正好走过来，说："这些天我得出差，有什么事，你们商量着去做就行了。"

比赛很快就结束了，乔治所在的队得了冠军。在回家的路上，母亲很高兴，说："要是你父亲知道了这个消息，他一定会放声高歌的。"乔治沉下了脸，说："妈妈，我们现在不提他好不好？"母亲接受不了他的语气，大声说："你必须要告诉我这是为什么。"乔治满不在乎地笑了笑，说："不为什么，就是不想在这时提到他。"母亲的脸色凝重起来，说："孩子，这话我本来不想说，可是，我再隐瞒下去，很可能就会伤害到你的父亲。你知道你父亲的腿是怎么瘸的吗？"乔治摇了摇头，说："我不知道。"母亲说："那一年你才4岁，父亲带你去花园里玩，在回家的路上，你左奔右跑。忽然，一辆汽车急驰而来，你父亲为了救你，左腿被碾在了车轮下。"乔治顿时呆住了，说："这怎么可能呢？"母亲说："这怎么不可能？不过这些年你父亲不让我告诉你罢了。"

二人慢慢地走着，母亲说："有件事可能你还不知道，你父亲就是布莱特，你最喜欢的作家。"乔治惊讶地蹦了起来，说："你说什么？我不信！"母亲说："你父亲也不让我告诉你，你不信可以去问你的老师。"乔治急急地向学校跑去。老师面对他的疑问，笑了笑，说："这都是真的。你父亲不让我们透露这些，是怕影响你的成长。但现在你既然知道了，我就不妨告诉你，你父亲是一个伟大的人。"

两天以后，父亲回来，乔治问父亲："你就是大名鼎鼎的布莱特吗？"父亲愣了一下，然后就笑了，说："我就是写小说的布莱特。"乔治拿出一本书来，说："那你先给我签个名吧！"父亲看了他片刻，然后拿起笔来，在扉页上写道："赠乔治，爱其实比什么都重要。布莱特。"

多年以后，乔治成了一名出色的记者。这

时，有人让他介绍自己的成功之路，他就会重复父亲的那句话：爱其实比什么都重要。

是的，的确如此，爱比什么都重要，没有爱的人等于行尸走肉。故事中默默无言的父爱，令我们动容。父亲总是扮演坚强宽厚的角色，在坚强的背后，有一双对我们殷切期待的眼睛。

我们都应该努力，不让那双眼睛失望。

心 灵 感 悟

父亲的爱与母亲的爱同样温暖，然而却时常被我们忽略。

都说父亲表达爱的方式是含蓄而深沉的，父爱虽无言，却广博、深厚，他没有太多的体贴入微与问寒问暖，却用深沉的方式来体现"我爱你"的分量。

友谊是心灵的

甘泉

　　人是高级的感情动物，注定要在群体中生活，建立良好的人际关系，对于自己的事业与生活都是大有裨益的。正如西德尼·史密斯所说："生命是由众多的友谊支撑起来的，爱和被爱中存在着最大的幸福。"一个人如果不能处理好人际关系，就犹如在雷区里穿行，举步维艰。一个人如果拥有良好人缘，他就能在人生道路上任意驰骋。

友谊是生命的需要

　　一个富翁和一个书生打赌，让这位书生单独在一间小房子里读书，每天有人从高高的窗外往里面递一回饭。假如能坚持 10 年的话，这位富翁将满足书生所有的要求。于是，这位书生开始了一个人在小房子里的读书生涯。他与世隔绝，终日只有伸伸懒腰，沉思默想一会儿。他听不到大自然的天籁之声，见不到朋友，也没有敌人，他的朋友和敌人就是他自己。

　　很快，这位书生就自动放弃了这一搏。

　　因为书生在苦读和静思中终于大彻大悟：10 年后，即便大富大贵又能怎样？

　　从这个故事中我们得到了很多启发：

　　可以说自从世界上出现人类以来，相互交往就一直存在，即使是病人，聚在一起也比独处要轻松，尤其是现代社会，与世隔绝，独处一室是非常不切实际的做法。人际关系就像是一盏灯，在人生的山穷水尽处，指引给你柳暗花明又一村的繁华。创造完美的人生就从铺好你的人脉开始……

　　当杰琳还是孩子时，她的父亲就不幸过世，她继承了那所她曾有过许多美好时光的山区小屋。在临退休的前几年，杰琳决定保留这所小屋，并尽可能多花时间在山中度过。一个秋天的夜晚，杰琳在壁炉里堆起柴燃起火取暖时，一种无可名状的孤独感油然而生。再结一次婚显然不太现实，收养个孩子似乎又不太可能。然后杰琳意识到自己也许还有二三十年的生命，她对自己说，"教学一直是我排遣心中的不快、保持积极乐观的场所，既然如此，我为什么不把这间小屋捐赠给教堂，将它作为那些需要关怀的人包括我自己的快乐天堂呢？"接下来的一星期杰琳将这种想法告诉了教堂的牧师和其他她相信的人，他们都很高兴。从那时起，孤独感便不复存在了。杰琳将她生活中的积极因素转化为她期望融入和实现的目标，她因此而拥有了更多的新朋友，她的生活也因此而更有意义。

心灵感悟

心灵上的孤独越来越困扰着我们的生活,我们每天都与朋友谈天说地,却常常会有莫名的孤独感袭上心头。其实,你并没有真正地向别人打开你的心。打开你的心灵,让自己融进人群,你就可以抵御那种莫名生出的孤独和消沉。记住,与人分享一份快乐,你就有了两份快乐。

友谊拓宽人生道路

张辉在一家公司做一名管理人员。在公司产品遭遇退货、赔款、濒临倒闭,公司高层们急得团团转而又束手无策时,张辉站了出来,提供了一份调查报告,找出了问题的症结。此举不仅一下子解决了公司的难题,还为公司赚了几百万。

因工做出色,张辉深受老总的重视,不久就成为全公司的一颗明星。凭着自己的智慧和胆略,他又为公司的产品打开国内市场,立下了汗马功劳,两年时间内为公司赚回几千万利润,成为公司举足轻重的人物。

张辉踌躇满志,以为销售部经理一职非他莫属。然而,他没有被提职。本来公司董事会要提拔他为公司主管销售的副总经理,却由于在提名时遭到人事部门的强烈反对而作罢,理由是各部门对他的负面反应太大,比如,不懂人情世故,不和同事交往,骄傲自大……让这样一个闭门自封的人进入公司的决策层显然不太适宜。

销售部经理一职被别人担任了,他只好拱手交出自己创建、自己培养成熟的国内市场。这就好比自己亲手种下的果树上所结的果子被别人摘走一样,令他非常痛苦和不解。

他不明白,公司怎么能这样对待自己呢?自己到底错在哪里?后来,还是一个同情他的朋友为他破解了他的迷惑。

难怪那一次,他出去为公司办理业务,需要一批汇款,在紧要关头却迟迟不见公司的汇票,业务活动"泡汤",令他很难堪。实际上是一个出纳员给他穿了一次小鞋。因为，平时他对这个出纳不巴结、不献媚、不送小礼品，也就是说没有把她放在眼里。

还有一次他在外办事，需要公司派人来协助，却不料人还没有到，马上又把人撤回来了，原来是一些资格较老的人觉得他很"孤傲"、"目中无人"，在工作上从不与他们交流……所以想尽办法拖他的后腿，让他的工作无法展开。

尽管张辉工作业绩辉煌，但他忽视了人际关系的重要性。那些他不熟悉的、不放在眼里的小人物，在关键时刻照样会坏他的大事，阻碍他在公司的发展和成功。在无可奈何的情况下，他只好伤心地离开了公司。

许多杰出的人士，之所以被能力不如自己的人击垮就是因为不善与人沟通，不注意与人交流，被一些非能力因素打败，在中国这样的一个重人情世故的国家，不能融入人群无异于自毁前程，把自己逼入死胡同。

英雄穷困潦倒，是常见的事，但只要懂得对群体感情的投资，就能一飞冲天，一鸣惊人。

懂得存情的聪明人，平时就很讲究感情投资，讲究人缘，其社会形象是常人不可比的，遇到困难很容易得到别人的支持和帮助。因此，这样的聪明者其交友能力都较一般人占有明显的优势。

赢得好人缘要有长远眼光，要在别人遇到困难时主动帮助，在别人有事时不计回报，"该出手时就出手"，日积月累，留下来的都是人缘。

现代人生活忙忙碌碌，没有时间进行过多的应酬，日子一长，许多原来牢靠的关系就会变得松懈，朋友之间逐渐互相淡漠。这是很可惜的。

就像西德尼·史密斯所说："生命是由众多的友谊支撑起来的，爱和被爱中存在着最大的幸福。"一个人如果孤立无援，那他一生就很难幸福；一个人如果不能处理好人际关系，就犹如在雷区里穿行，举步维艰。"条条大路通罗马"，而八面玲珑的人可以在每条大路上任意驰骋。

心灵感悟

人是高级的感情动物，注定要在群体中生活，而组成群体的人又处在各种不同的阶层和具有不同的属性，适当时进行感情投资，有利于在社会上建立好人缘，只有人缘好，才能有一个好的形象，你的人际交往才能如鱼得水，没人缘的人自然会常常陷入进退两难的境地。

患难见真情

　　人的生活离不开友谊，但要获得真正的友谊并不容易，它需要用忠诚去播种，用热情去灌溉，用原则去培养。

　　两位朋友正走在路上，突然闯出一头熊。当熊还未发现这两个人时，其中一位就奔向路边的一棵树，爬上去，藏在枝叶间。另一位不如他的同伴敏捷，已无法逃脱，只好躺在地上装死。熊走上前，嗅遍他的全身，而他一动不动，屏住了呼吸，因为据说熊从不吃死人。果然，这只熊以为他是一具死尸，就走开了。危险过去之后，躲在树上的那位下来，问他的同伴，熊把大嘴凑到他耳边，跟他小声说了些什么。这位同伴答道："它告诉我，以后再也不要和一遇到危险就抛弃你的朋友同行。"

　　能患难与共的朋友才是人生的知己，也才是真正的朋友。英文谚语中有一句叫"A Friend indeed is a friend in need"。也是说患难中见真情的人才能成为我们的朋友，足见古今中外关于朋友的定义都有惊人的一致。

　　那些平日里呼朋引伴，一到大难临头就各自飞的人如何能算得上朋友呢？

　　朋友之间应坦诚相待，患难与共。有句话说得比较好，患难见真情，当你遭遇困难时能够伸手拉你一把，给你帮助，让你渡过难关的人才是真正的朋友。你们也会因此结下深厚的友谊。这样的朋友是难能可贵的，我们必须给予足够的真诚和信任，真诚是朋友相处的基本原则，而对于患难与共的朋友更应该坦诚相待。

心灵感悟

　　有这么一句至理名言："在一起共患难很多的人，其友谊才称得上牢不可破。"真正的朋友应相互帮助、相互信赖，并且要坦诚相待。

用真诚之水浇灌友谊之花

　　对朋友不能付出真诚的人永远得不到真正的友谊，他们将是终身可怜的孤独者。

　　黄牛看见狐狸在树下呜呜地哭，问他为什么悲伤。

　　狐狸抹了一把眼泪，说："人家都有三朋四友，唯独我孤零零的，心里难受哇……"

　　黄牛问："花猫不是你的朋友吗？"

　　狐狸叹口气，说："花猫与我交友一载，没请过我一次客，这算什么朋友？我早跟他散伙了。"

　　黄牛问："山羊不是你的朋友吗？"

　　狐狸摇摇头，说："山羊与我结拜半年，从未给过我一分钱的好处，还有啥朋友味？我早跟他断绝往来了。"

　　黄牛长叹了一声，问："听说你曾经跟大黑猪的关系还可以？"

　　狐狸气得直跺脚，说："我早把他给踢了，你想想，大黑猪能帮我什么忙？当初我根本就不该认识那个蠢家伙。"

　　黄牛戏谑地一笑，调侃道："狐狸先生，我送你一样东西吧。"

　　狐狸眼睛一亮，心想这下可以讨到便宜了，立马止住哭，问道："什么东西？"

　　黄牛扭过头，扔下一句"贪鬼"，说完头也不回地走了。

　　孤零零的狐狸可怜吗？一点都不可怜，今天这种局面完全是他自己造成的。他交朋友是为了占人家的便宜，所以大伙都不愿和他做朋友。交朋友不能总想占别人的便宜。如果只想吃别人的，要别人的，没有好处就跟人家断绝关系，自己就会变成孤家寡人。

交朋友要真诚，不能只想从朋友那里获得点什么，更重要的是为朋友付出。你对朋友好，以真心换真心，这样你会取得朋友的信赖和帮助，你的朋友也就越来越多，这才是真正的交友之道。

对朋友的真诚是应当付出许多东西的，包括情感上的沟通和物质上的帮助。人生在世也就几十年，我们有很多有意义的事情去做，把太多的时间花在钩心斗角上会很累，也不值得。在这个世界上，每件事情都有正反两面，有付出自然有索取，有真诚必然有虚伪。意识到这一点，有助于我们更完整地看待友谊，更全面地看待世界，我们就不会为没有回报而耿耿于怀。

心灵感悟

永远做一个真诚的人，因为给予朋友是一件很高兴的事情，只有自己富有才能给予别人。希望有所收获的付出便不再纯洁，因为它把友谊变成了交易。懂得付出的人是真正拥有财富的人，只要他能帮助朋友，只要还有朋友需要他的帮助，那么，他就是一个真正富有的人。

只因是朋友

"朋友"一词虽简单、朴实，却需我们用心去诠释。

这是一个发生在越南的故事。

几发追击炮弹突然落在一个小村庄的一所由传教士创办的孤儿院里。传教士和两名儿童当场被炸死，还有几名儿童受伤，其中有一个小姑娘，大约 8 岁。

村里人立刻向附近的小镇要求紧急医护救援，这个小镇和美军有通讯联系。终于，美国海军的一名医生和护士带着救护用品赶到。经过查看，这个小姑娘的伤十分严重，如果不立刻抢救，她就会因为休克和流血过多而死去。

输血迫在眉睫，但得有一个与她血型相同的献血者。经过迅速验血表明，两名美国人都不具有她的血型，但几名未受伤的孤儿却可以给她输血。

医生用掺和着英语的越南语，加上临时编出来的大量手势，竭力想让他们幼小而惊恐的听众知道，如果他们不能补足这个小姑娘失去的血，她一定会死去。

他们询问是否有人愿意献血，回答是一片沉默。每个人都睁大了眼睛迷惑地望着他们。过了一会儿一只小手缓慢而颤抖地举了起来，但忽然又放下了，然后又一次举起来。

"噢，谢谢你。"医生说："你叫什么名字？"

"恒。"小男孩很快躺在草垫上。他的胳膊被酒精擦拭以后，一根针扎进他的血管。输血过程中，恒一动不动，一句话也不说。过了一会儿，他忽然抽泣了一下，全身颤抖，并迅速用一只手捂住了脸。

"疼吗？恒？"医生问道。恒摇摇头，但一会儿，他又开始呜咽，并再一次试图用手掩盖他的痛苦。医生问他是不是针刺痛了他，他又摇了摇头。

医疗队觉得有点不对劲。就在此刻，一名越南护士赶来援助。她看见小男孩痛苦的样子，极快地用越南语向他询问，听完他的回答，护士用轻柔的声音安慰他。顷刻之后，他停止了哭泣，用疑惑的目光看着那位越南护士。护士向他点点头，一种消除了顾虑与痛苦的释然表情立刻浮现在他的脸上。

越南护士轻声对两位美国人说："他以为自己就要死了，他误会了你们的意思。他认为你们让他把所有的鲜血都给那个小姑娘，以便让她活下来。"

"但是他为什么愿意这样做呢？"海军护士问。

这个越南护士转身问这个小男孩："你为什么愿意这样做呢？"

小男孩回答："她是我的朋友。"

"朋友"两个字，有时候显得快乐无比，有时候却很沉重。

古希腊哲学家德谟克里特曾说："连一个高尚朋友都没有的人，是不值得活着的。"很庆幸，故事中的小女孩拥有了人世间最可宝贵的友谊。当然，那名小男孩在危难时刻所表现出的情操和气概，是许多成年人都不及的。

这其中的区别在于小男孩明白什么是真正的友谊。

心灵感悟

交朋友要真诚，不能只想从朋友那里获得点什么，更重要的是为朋友付出。你对朋友好，以真心换真心，这样你会取得朋友的信赖和帮助，你的朋友也就会越来越多，这才是真正的交友之道。

管鲍之交

真正的朋友从不把友谊挂在口上，他们并不为了友谊而互相要求点什么，而是彼此为对方做一切办得到的事。

春秋时鲍叔牙和管仲是好朋友，二人相知很深。

他们俩曾经合伙做生意，一样地出资出力，分利的时候，管仲总要多拿一些。别人都为鲍叔牙鸣不平，鲍叔牙却说，管仲不是贪财，只是他家里穷。

管仲几次帮鲍叔牙办事都没办好，三次做官都被撤职，别人都说管仲没有才干，鲍叔牙又出来替管仲说话："这绝不是管仲没有才干，只是他没有碰上施展才能的机会而已。"

更有甚者，管仲曾三次被拉去当兵参加战争而三次逃跑，人们讥笑他贪生怕死。鲍叔牙再次直言："管仲不是贪生怕死之辈，他家里有老母亲需要奉养啊！"

后来，鲍叔牙当了齐国公子小白的谋士，管仲却为齐国另一个公子纠效力。两位公子在回国继承王位的争夺战中，管仲曾驱车拦截小白，引弓射箭，正中小白的腰带。小白弯腰装死，骗过管仲，日夜驱车抢先赶回国内，继承了王位，称为齐桓公。公子纠失败被杀，管仲也成了阶下囚。

齐桓公登位后，要拜鲍叔牙为相，并欲杀管仲报一箭之仇。鲍叔牙坚辞相国之位，并指出管仲之才远胜于己，力劝齐桓公不计前嫌，用管仲为相。齐桓公于是重用管仲，果如鲍叔牙所言，管仲的才华逐渐施展出来，终使齐桓公成为春秋五霸之一。

因此，世人用"管鲍之交"来比喻君子之友谊。

"友不贵多，得一人可胜百人；友不论久，得一日可逾千古。"要想获得一个朋友须有一个宽阔无私的胸怀。

真诚的朋友，总能无私地互相帮助。

而计较个人得失的情况，只是自私或嫉妒的反映。

心 灵 感 悟

真正的友人，一定会为我们的进步而高兴，为我们的前进而呐喊助威，绝不会成为我们成功路上的绊脚石。

真正的朋友，在你获得成功的时候，为你高兴；在你遇到不幸或悲伤的时候，会给你及时的支持和鼓励；在你有缺点有可能犯错误的时候，会给你正确的批评和帮助。

羊角哀和左伯桃

富贵之时自然高朋满座，患难之交才真诚。

春秋时期，有一年冬天，寒风呼啸，大雪纷飞。在鸟兽潜踪、人烟稀少的荒原上，有两个互相搀扶的年轻人，正跌跌撞撞、艰难地走着。他们是一对挚友：羊角哀和左伯桃。

当时，各国诸侯为争夺土地，扩大势力范围，连年发动战争，使人民生活在水深火热之中。这两个朋友对人民深为同情，决心施展自己的才干，拯救国家和人民。他们听说楚庄王是个贤明的国君，就相约前去投奔。

风狂雪猛，寒冷、饥饿、长途跋涉，使身体本来就瘦弱的左伯桃病倒了。在这危难时刻，羊角哀对左伯桃说："我扶你走吧，你放心，我绝不会丢下你不管的。"羊角哀搀扶起左伯桃艰难地走着……

两天过去了，羊角哀筋疲力尽了。他好不容易才把左伯桃扶到一棵大空心树旁，暂避风雪。

"角哀，荒原千里，风雪无边，如果我们两个都冻饿而死，不如救活一个。

我看，你一个人快走吧，我是实在不行了，别再连累你。"左伯桃喘着气说，他连站起来的力气也没有了。

羊角哀一听，急了："你怎么说这种话！伯桃，你放心，我背也要把你背到楚国去！"说着，羊角哀弯下身子就要背左伯桃，但他也没有力气再把左伯桃背起来了。左伯桃用微弱的声音说："角哀，我现在的身体状况肯定到不了楚国就会死在半路上，你的身体比我好，本领比我强，有希望走出这片荒原，应该你去楚国！我们救国救民理想的实现就拜托你了！"

两个人真诚相商。最后，左伯桃还是说服了羊角哀。

羊角哀抱着左伯桃放声痛哭。左伯桃催他赶快上路。羊角哀要把所有的干粮留给左伯桃，左伯桃决意不要……羊角哀只好怀着极为沉痛的心情诀别了他的朋友，独自上路了。

羊角哀赶到楚国后，受到楚庄王的重用。他连忙带人回到荒原，却发现左伯桃已冻死在空心树旁，他埋葬了好友的尸体，痛哭而别。

楚庄王知道这一切后，深为左伯桃的精神所感动，下令奖励了左伯桃的妻儿。

心灵感悟

古希腊著名诗人欧里庇得斯说："富贵之时自然高朋满座，患难之交才真诚。"确实如此，在我们最困难的时候，在一无所有的情况下，还能有人关怀我们、信任我们，这是多么难得的幸福啊。相反，那些平日不怎么来往，一旦见我们位高权重就上来凑热闹的人，绝不会成为我们的朋友。

信任的力量

信任是友谊的重要空气，这种空气减少多少，友谊也会相应消失多少。

雷诺是一个德行不好的人，好吃懒做不算，还有偷偷摸摸的习惯，所有人都很讨厌他，因为他借了人钱不还不算，还总是拿去赌博。周围所有的人几乎没人再借钱给他，即使想做个小买卖他都没有钱。于是他跑到一个久未联系的朋友家中，那是他第一次向她张口，他以为她还不知道自己的底细。

雷诺很顺利地拿到了钱，在转身要走的一刹那，她叫住了他："曾有人打电话告诉我说你不会还钱，让我不要借给你，但我相信你不是那样的人，也许他们对你有误解。"

在听到这句话之前，他是准备拿这1000块钱去赌博的，赢了就吃喝玩乐，输了再找人借。但这句话给了他很大的震动，他没有说话，关上门走了。然后他离开了家乡，到外地打工去了。

半年后，他的朋友收到了他从外地寄来的1000块钱。

3年后，雷诺衣锦还乡，把从前欠的钱全部还清了。

是从那次借钱开始，他知道自己应该有另一种人生，他要让人家对他信任，他再也不愿做骗子了，因为是那个朋友的信任让他从此翻开了人生的另一页。

心 灵 感 悟

作家艾略特说："谁给我们信任，谁就在给我们以教诲。"

信任能产生一股奇妙的力量，因为得到他人的信任，我们便会对自己充满信心。

因信任而催生的行为，也比因怀疑而导致的动作要高尚、伟大得多。

信任你的朋友

两个人结伴横过沙漠，水喝完了，其中一人中暑不能行动。剩下的那个健康而饥渴的人对同伴说："你在这里等着，我去找水。"他把手枪塞在同伴的手里，说："枪里有5颗子弹，记住，3小时后，每小时对天空鸣枪一次，枪声会告诉我你所在的位置，我就能顺利找到你。"两人分手后，一个人充满信心地去找水了，另一个满腹狐疑地躺在那里等候，他看着手表，按时鸣枪，但他一直相信只有自己才能听到枪声，他的恐惧加深，认为同伴找水失败，中途渴死，不久又想一定是同伴找到了水，却弃自己而去。看来，他还是靠不住啊，我平时也没得罪他呀。到应该开第五枪的时候，他悲愤地想："这是最后一颗子弹了，同伴早已听不到我的枪声了，等到这颗子弹用过之后，我还有什么依靠呢？只有等死了，而在临死前，秃鹰会啄瞎我的眼睛，那时该多么痛苦，还不如……"于是他把枪口对准自己的太阳穴，扣动了扳机。不久那个提着满壶清水的同伴领着一队骆驼商旅寻声而至，但是他们找到的只是一具尸体。

由于自己的想当然导致命丧沙漠，强烈的恐惧与猜疑终究没有战胜信任。

现实生活中有的人总是在想，今天是否又有人说我的坏话了，谁侵害了我的利益……久而久之，他没有了朋友，甚至连家人与他也有了距离。

多疑的人心胸狭窄，固执己见，动不动就捕风捉影地胡乱猜疑别人，怀疑了许多本不该怀疑的人和事，也相信了许多本不该相信的人和事，把怀疑一切和相信一切都绝对化，从此为自己绑上沉重的负担。猜疑似一条无形的绳索，会捆绑我们的思路，使我们远离朋友。如果猜疑心过重，就会因一些可能根本没有或不会发生的事而忧愁烦恼、郁郁寡欢；猜疑者常常嫉妒心重，比较狭隘，因而不能更好地与同学朋友交流，其结果可能是无法结交到朋友，变得孤独寂寞，这对身心健康是很有危害的。当我们开始猜疑某个人时，最好先综合分析一下他平时的为人、经历以及与自己多年共事交往的表现。这样有助于将错误的猜疑消灭在萌芽状态。

产生了猜疑心，你可以有所警惕，但不要表露于外。这样，当猜疑有道理时，你因为做好了准备而免受其害；而当这种猜疑毫无道理时，就可以避免误会好人。

其实，世界上没有一个人是不能理解的，没有一件事是不能理解的，你如果怀疑某个人、某一件事，最简单的办法就是去与那个人交谈，坦诚而友好地与他交流自己的看法，获得真实的认识，从而达到理解。一旦理解了，也不会再挂在心中，不再记恨那一切了，消除误会的办法就是面对面的沟通，这比任何旁敲侧击、迂回了解、道听途说都省事而见效。

心灵感悟

不了解人、不了解世界、缺乏判断力是造成好猜疑、神经过敏、判断错误、发生误会的主要原因。因此，克服多疑，克服神经过敏的缺陷，就得从走出以自我为中心开始，把自己从内向的趋势拉转到外向的趋势，面向外部世界，面向他人，多交往，多了解，以获得对人对事物的正确认识和准确判断。

发现你

心灵的力量

每个人都有自尊心，无论他的身份有多卑微。有些人自视甚高，他们觉得自己很重要，却忘了别人也需要这种感觉。他们在不经意间流露出对别人的轻视，于是受到大家的疏远。只有真诚地尊重他人，理解他人，你才会受到他们的欢迎。

懂得尊重他人

　　不懂得尊重别人，你同他人就无法沟通合作，因为你已经失去与他人沟通合作的基础。人人都有自尊心，你尊重别人，别人才会尊重你。

　　一天，一位 40 多岁的中年女人领着一个小男孩走进美国著名企业"巨象集团"总部大厦楼下的花园并在一张长椅上坐下来。她不停地在跟男孩说着什么，似乎很生气的样子，不远处有一位头发花白的老人正在修剪灌木。

　　忽然，中年女人从随身挎包里揪出一团白花花的卫生纸，一甩手将它抛到老人刚剪过的灌木上。老人诧异地转过头朝中年女人看了一眼。中年女人也满不在乎地看着他。老人什么话也没有说，走过去拿起那团纸扔进一旁装垃圾的筐子里。

　　过了一会儿，中年女人又揪出一团卫生纸扔了过来。老人再次走过去把那团纸拾起来扔到筐子里，然后回原处继续工作。可是，老人刚拿起剪刀，第三团卫生纸又落在了他眼前的灌木上……就这样，老人一连捡了那中年女人扔的六七个纸团，但他始终没有因此露出不满和厌烦的神色。

　　"你看见了吧！"中年女人指了指修剪灌木的老人对男孩说，"我希望你明白，你如果现在不好好上学，将来就跟他一样没出息，只能做这些卑微低贱的工作！"

　　老人放下剪刀走过来，对中年女人说："夫人，这里是集团的私家花园，按规定只有集团员工才能进来。"

　　"那当然，我是'巨象集团'所属一家公司的部门经理，就在这座大厦里工作！"中年女人高傲地说着，同时掏出一张证件朝老人晃了晃。

　　"我能借你的手机用一下吗？"老人沉吟了一下说。

　　中年女人极不情愿地把手机递给老人，同时又不失时机地开导儿子："你看这些穷人，这么大年纪了连手机也买不起。你今后一定要努力啊！"

　　老人打完电话后把手机还给了妇人。很快一名男子匆匆走过来，恭恭敬敬地站在老人面前。老人对那个男子说："我现在提议免去这位女士在'巨象集团'的职务！"

"是，我立刻按您的指示去办！"那个男子连声应道。

老人吩咐完后径直朝小男孩走去，他用手抚了抚男孩的头，意味深长地说："我希望你明白，在这世界上最重要的是，要学会尊重每一个人……"说完，老人撇下 3 人缓缓而去。

中年女人被眼前骤然发生的事情惊呆了，她认识那个男子，他是巨象集团主管任免各级员工的一个高级职员。"你……你怎么会对这个老园工那么尊敬呢？"她大惑不解地问。

"你说什么？老园工？他是集团总裁詹姆斯先生！"

"啊，他是总裁？！"

中年女人一下子瘫坐在长椅上。

学会尊重每一个人，无论一个人的身份和工作多么卑微，我们都应尊重他，这是我们应该具备的良好品质。要知道，尊重没有高低贵贱之分，而且尊重别人就是在尊重自己。

心灵感悟

尊重人是有修养的表现。一个没有修养的人才会到处侮辱和伤害别人。人是注重尊严的，你伤害了别人的尊严，换来的就是他人的愤恨。尊重的关键就是把他人放在与我们自己平等的重要位置上，切实考虑对方的需求和感受，而不要自命不凡，盛气凌人。

体谅的力量

美国经济大萧条时期，18 岁的姑娘安娜好不容易才找到一份在一家高级珠宝店当售货员的工作。在圣诞节的前一天，店里来了一位 30 岁左右的男顾客。他虽然穿着整齐干净，看上去很有修养，但很明显，这也是一个遭受失业打击的不幸的人。

此时，店里只有安娜一个人，其他几个职员刚刚出去。

安娜向他打招呼时，男子不自然地笑了一下，目光从安娜的脸上慌忙躲闪开，仿佛在说：你不用理我，我只是看看。

这时，电话铃响了。安娜去接电话，一不小心，将摆在柜台上的盘子弄翻了，盘子里装着的6枚精美绝伦的金戒指掉在了地上。姑娘慌忙去捡。可她捡回了5枚以后，却怎么也找不到第六枚戒指。当她抬起头时，看到那位男子正向门口走去，顿时，她明白了那第六枚戒指在哪里。

当男子的手将要触到门框时，安娜柔声叫道："对不起，先生。"

那男子转过身来，两个人相视无言，足足有一分钟。

安娜的心在狂跳，他要是来粗的怎么办？他会不会……

"什么事？"他终于开口说道。

安娜极力压住心跳，鼓足勇气，说道："先生，这是我头回工作，现在找个事真不容易，是不是？"

男子长久地审视着她，良久，一丝微笑在他脸上浮现出来。安娜终于平静下来，她也微笑着看着他，两人就像老朋友见面似的那样亲切自然。

"是的，的确如此。"他回答，"但是我能肯定，你在这里会干得不错。"

停了一下，他向她走去，并把手伸给她："我可以为你祝福吗？"

紧紧地握完手后，他转身缓缓地走向门口。

安娜握着手心里的第六枚戒指，望着男子的背影，感激的泪水在眼里打转。

安娜是个聪慧的姑娘，多一份体谅的心就能够融化人心中的坚冰，使人为之动容。给人一点尊重，它将带给人面对人生的希望，去获取人生旅途中的下一个幸福。

心灵感悟

生活中，请让我们相信，每一个有坏处的人都有他值得人同情和原谅的地方。一个人的过错，常常并不只是他一个人所造成的，对这些人多一份体谅吧，让他们感受到温暖，他们也会把温暖回馈给他人。

不要吝啬自己的掌声

有这样一个关于鼓励的故事，一个驯兽师在训练海豚的跳高，在开始的时候他先把绳子放在水面下，使海豚不得不从绳子上方通过，海豚每次经过绳子上方就会得到奖励，它们会得到鱼吃，会有人拍拍它并和它玩，训练师以此对这只海豚表示鼓励。当海豚从绳子上方通过的次数逐渐多于从下方经过的次数时，训练师就会把绳子提高，只不过提高的速度会很慢，不至于让海豚因为过多的失败而沮丧。训练师慢慢地把绳子提高，一次一次地鼓励，海豚也一步一步地跳得比前一次高。最后海豚跳过了世界纪录。

无疑是鼓励的力量让这只海豚跃过了这一载入吉尼斯世界纪录的高度。对一只海豚如此，对于聪明的人类来说更是这样，鼓励、赞赏和肯定，会使一个人的潜能得到最大限度的发挥。可事实上更多的人却是与训练师相反，起初就定出相当的高度，一旦达不到目标，就大声批评。

观众的掌声对一个赛场上的球队有没有好处？答案是肯定的。每个球队都知道，赛场上天时、地利、人和都是非常重要的。观众鼓励球队的热情是支持球队打胜仗最重要的力量之一。每个球队都承认，球迷的打气使他们感觉自己受到了尊重，情绪激动，斗志昂扬。

同样的道理，在日常生活中，鼓励也是很重要的一个因素，而且也是很有用的。在家庭里，夫妻应该彼此鼓励，父母与子女应该彼此鼓励；在工作上，老板和员工更是应该彼此鼓励；在生活中，朋友之间也应彼此鼓励。

亨利·汉克是印第安纳州洛威市一家卡车经销商的服务经理，他公司有一个工人，工作愈来愈差。但亨利·汉克没有对他吼叫，而是把他叫到办公室里来，跟他进行了坦诚的交谈。

他说："希尔，你是个很棒的技工。你在这里工作也有好几年了，你修的车子也很令顾客满意。有很多人都称赞你的技术好。可是最近，你完成一件工作所需的时间却加长了，而且你的质量也比不上你以前的水平。也许我们可以一起来想个办法解决这个问题。"

希尔回答说他并不知道他没有尽他的职责，并且向他的上司保证，他以后一定改进。

最后他也确实那样做了。

心灵感悟

不要吝啬自己的鼓励！有的时候，你的一句鼓励可能会让对方终身受益。给同学一点鼓励，在他考试没考好的时候，送上一句"下次努力，你的成绩肯定会很好的"；在朋友遇到困难时，送上一句"你平时那么棒，这些困难算什么"。一句鼓励的话，相信会给失意的人很大帮助。

学会欣赏

每个人都不会排斥他人中肯的欣赏和赞美，我们应该用欣赏的眼光去看待他人，表达自己对他人的理解与尊重，而不是刻薄地挑剔。

老李有一个上初中的女儿，正值叛逆精神十足的青春期，常常对父母所说的话持相反的意见，强词夺理地反驳或者大吵大闹几乎是家常便饭。

老李参加了一个学习班，听说欣赏别人很重要。于是，他决定首先在家里"试用"一次。一天晚上，他的女儿因为有约会要外出，并说会很晚才回家。他刚刚开口劝阻时，女儿又发起脾气，在父亲面前大吵起来。

面对此情此景，他却一反平常的态度，以欣赏的眼光微笑着看女儿。这与以前那种"以牙还牙"的做法，完全背道而驰。当女儿看到父亲的表现时，似乎很疑惑，她就平静下来不再叫嚷，问："爸爸，你今天看起来好像很奇怪呀！"

父亲微笑着说："我在欣赏你呢！你能据理力争，很有勇气，这种行为是多么的可贵！我庆幸自己有你这样一个女儿！我很疼爱你，也想竭尽全力帮助你更好地成长。"

女儿被深深感动了，搂着他的脖子说："爸爸，我也是很爱您的！我答应您，今晚一定会早点回家，免得让您担心。"

当女儿出去后，他太太走到身旁对他说："我从来没有见过你像今天表现得如此聪明呀！真想不到，你居然还会有这么和风细雨的态度。"

他的眼珠一转，很想再接再厉，于是笑着对太太说："我以前在家里是太强硬了，有时候居然对你也会很冷漠。现在，我学会了把欣赏和感激的心情带回家，所以变聪明了。亲爱的，你说我聪明，其实在我看来，你不但聪明，而且美丽！"

太太感到他很反常，多少有点不知所措地说："你怎么突然夸起我来了？人都说'女人四十豆腐渣'，我现在已经四十多了，哪里还谈得上什么美啊！"

他马上很认真地说："不！你的确很美丽，不说别的，你的眼睛就好美啊！"

"那是二十年前的事情了！"太太有些不好意思地说。

"不，你的眼睛现在仍然很美，真的！"他的话语依然毫不含糊。

"难道是真的吗？"太太的脸上不由得泛起红晕，眼睛眯眯地笑着，显得很满足。

心灵感悟

同一件事，以欣赏的眼光对待它，带来的是和谐，以厌恶的眼光对待它，带来的是对抗。角度不同，天壤之别。我们都喜欢和谐，那就学会欣赏吧！

欣赏对手

乔治和马克是一对十分要好的朋友，在一家公司的同一部门工作。因为部门主管升迁，公司准备在部门里选拔一个新的主管。消息传开后，大家都闻风而动,都希望自己入选。后来,传来内部消息,老板主要在考察乔治和马克,他们俩的能力都很突出,尤其是乔治,办事能力强,为人也不错。

马克得知乔治就是自己的竞争对手,便暗下决心,想着一定要把乔治挤掉。但他也明白,如果堂堂正正地竞争,自己不是乔治的对手。于是,他四处活动,在上司面前极尽献媚之能事,除夸大自己的能力外,还时时给老板一个暗示——乔治有许多缺点,他不适合这个职位。在马克的阴谋活动下,他终于把乔治挤了下去。但是,当他坐到那个梦寐以求的位子上时,他才发现,他根本就不是胜利者,多数人对他嗤之以鼻,他的工作无法顺利开展,而且每次面对乔治,他都心怀愧疚。仅仅过了半年,由于工作没有成效,他就被免职了。

现代社会,不可避免地存在竞争。生活中几乎每个人都有对手,对手可能是你的同学,你的朋友,你的敌人。采用什么样的态度去对待你的竞争对手,看起来是一件小事,但却决定一个人的成败。换句话说,适当的竞争能够促进一个人快速成长,并促进一个人各方面不断成熟起来。这一切的关键是你对竞争对手持什么样的态度。

有了竞争对手,不是整天盘算着要如何打击对方,而是从欣赏的角度,处处向对手学习,并以对手的标准来要求自己,你才能成为真正的胜者。事实上,欣赏对方比打击对方更有效。

心灵感悟

懂得欣赏别人需要宽广的心怀,嫉妒心极强的人是不会用欣赏的眼光看身边的人的。学会欣赏别人就是给自己提供机遇,不懂得欣赏别人,你就不懂得怎样才能更好地发展自己。

把"请"挂嘴边

史蒂是一个不懂礼貌的孩子,他几乎不知道说"请"。"给我一点面包!我要喝水!把那本书给我!"他要东西时总是这样说。他的父母为此感到非常难过。而那个可怜的"请"呢，就只好日复一日地坐在史蒂的上颌，希望有机会到外面一趟，它的身体因此日见憔悴。

史蒂有个哥哥叫尼克，尼克非常懂礼貌。生活在他嘴中的"请"经常能呼吸到新鲜空气，身体健壮，心情愉快。

一天吃早饭时，史蒂的"请"觉得自己必须呼吸一下新鲜空气，于是它从史蒂的嘴中跑了出来，长长地呼了一口气，然后爬到桌子对面，跳到尼克的口中！

住在那里的"请"看到陌生的客人，立即问候到它从哪里来。

史蒂的"请"回答说："我住在那位弟弟的口中。但是，哎呀，他从不用我，我从未呼吸过新鲜空气！我刚才想你也许愿意让我在这里待上一两天，让我重新变得健壮起来。"

"噢，当然可以，"另一个"请"热情地说道，"我了解你的心情。你可以待在这里，没有问题。当我的主人需要我的时候，我们两个可以一起出去。他是个和蔼可亲的人。我相信，说两次'请'，他是不会在意的。你想在这里待多长时间就待多长时间吧！"

那天中午吃饭时，尼克想要黄油，他这样说道："父亲，请——请把黄油递给我，好吗？"

"当然可以，"父亲说，"你为什么这样客气？"

尼克没有回答。他转向母亲，说道："母亲，请——请你给我拿一块松饼，好吗？"

母亲听了这话，禁不住大笑起来。"亲爱的，给你。你为何要说两次'请'？"

"我不知道，"尼克回答道，"不知为何，这些字好像是自己跳出来的。史蒂，请——请给我倒点水！"这次，尼克几乎吓了一跳。

"好了，好了，"父亲说道，"这没有什么不好的。在这个世界上像这样客气的人并不多。"而与此同时，小史蒂表现得非常粗鲁，他一直大喊大叫："给我一个鸡蛋！我要喝牛奶。把勺子给我！"但是现在他停下来，听他哥哥说话。他想，像哥哥那样说话很有趣，于是他开始说："母亲，嗯，嗯，把一块松饼递给我，好吗？"

他想说"请"，但是他怎么也说不出口，他根本没想到自己口中的"请"

现在正待在尼克的嘴中。于是他又试了一次，想要黄油。"母亲，嗯，嗯，把黄油给我，好吗？"他能说出口的只有这些。

这种情况持续了一整天，所有人都不知道他们兄弟两个出了什么问题。夜幕降临后，他们两个都累坏了，而且史蒂变得非常急躁。母亲只好让他们两个早早入睡。

第二天早晨，他们刚一坐下吃早饭，史蒂的"请"就跑回了家。昨天，他呼吸了许多新鲜空气，现在感觉非常好。他刚回到史蒂的口中，就得到了一次呼吸的机会。因为史蒂说道："父亲，请您给我切一块橙子，好吗？"哎呀！这个字非常容易地就说出了口！听起来和尼克说的一样好听，而尼克今天早晨也只说一个"请"字了。从那以后，小史蒂变得和哥哥一样懂礼貌了。

生活在今天的人们，似乎越来越难听到这些和蔼可亲的礼貌用语了。其实，在上车买票时说个"请"，去餐厅用餐时道个"谢"，彼此照面也互致问候一下，一切都会变得理所应当，人与人之间就会多一份融洽，世间就洋溢着温暖和顺的气息。生活因为一个"请"字，将变得更加美好。

心灵感悟

生活中，一个小小的"请"字就能体现出一个人的真挚和诚意，使他人感到温暖。人与人之间渴望沟通和交流，而这些细小的方面是最能体现出你的那一份心意的，同时也是对个人形象、风度的一个最佳传播。

乞丐的自尊

造物主常把高贵的灵魂赋予貌似不起眼的肉体，就如在生活中，最贵重的东西往往藏于不起眼的地方。请记住一位哲人的箴言：每个人都从不卑微。

只有你承认，否则，没有人能够贬低你。轻者自轻，自己的价值最需要的是自己的肯定，不论发生什么情况，你永远都是上苍赐予人世的一块珍宝。

有位富翁十分有钱，但却得不到旁人的尊重，他为此苦恼不已，每日寻思如何才能得到众人的敬仰。

某天在街上散步时，他看到街边一个衣衫褴褛的乞丐，心想机会来了，便在乞丐的破碗中丢下一枚亮晶晶的金币。谁知乞丐头也不抬地仍是忙着捉虱子，富翁不由得生气了："你眼睛瞎了？没看到我给你的是金币吗？"

乞丐仍是不看他一眼，答道："给不给是你的事，不高兴可以要回去。"

富翁大怒，意气用事起来，又丢了10个金币在乞丐的碗中，心想他这次一定会趴着向自己道谢，却不料乞丐仍是不理不睬。

富翁几乎要跳了起来："我给你10个金币，你看清楚，我是有钱人，好歹你也尊重我一下，道个谢你都不会。"

乞丐懒洋洋地回答："有钱是你的事，尊不尊重你则是我的事，这是强求不来的。"

富翁急了："那么，我将我的财产的一半送给你，能不能请你尊重我呢？"

乞丐翻着一双白眼看他："给我一半财产，那我不是和你一样有钱了吗？为什么要我尊重你？"

富翁更急起来，说道："好，我将所有的财产都给你，这下你可愿意尊重我了？"

乞丐大笑："你将财产都给我，那你就成了乞丐，而我成了富翁，我凭什么来尊重你？"

金钱与尊严并不能画上等号，金钱买不来尊重，即使是乞讨的人也有自尊，生命是平等的，许多时候尊严是被我们人为地定义在某一层面上，要知道，凡是生命都需要尊重。

那位富翁若能明白这一点，也就不会这么痛苦了。尊重，是发自内心真诚的情感。

挺起刚正的脊梁

　　维尼的母亲是他 7 岁那年去世的，父亲后来续娶了一个犹太人，继母来到他家的那一年，小维尼 11 岁了。

　　刚开始，维尼不喜欢她，大概有两年的时间他没有叫她"妈"，为此，父亲还打过他。可越是这样，维尼越是在情感中有一种很强烈的抵触情绪。然而，维尼第一次喊她"妈"，却是在他第一次也是唯一的一次挨她打的时候。

　　一天中午，维尼偷摘人家院子里的葡萄时被主人给逮住了，主人的外号叫"大胡子"，维尼平时就特别畏惧他，如今在他的跟前犯了错，他吓得浑身直哆嗦。

　　大胡子说："今天我也不打你不骂你，你只给我跪在这里，一直跪到你父母来领人。"

　　听说要自己跪下，维尼心里确实很不情愿。大胡子见他没反应，便大吼一声："还不给我跪下！"

　　迫于对方的威慑，维尼战战兢兢地跪了下来。这一幕，恰巧被他的继母给撞见了。她冲上前，一把将维尼提起来，然后，对大胡子大叫道："你太过分了！"

　　继母平时是一个没有多少言语的性格内向之人，突然如此震怒，让大胡子这样的人也不知所措。维尼也是第一次看到继母性情中另外的一面。

　　回家后，继母用枝条狠狠地抽打了两下维尼的屁股，边打边说："你偷摘葡萄我不会打你，哪有小孩不淘气的！但是，别人让你跪下，你就真的跪下？你不觉得这样有失人格吗？不顾自己人格的尊严，将来怎么成人？将来怎么成事？"继母说到这里，突然抽泣起来。维尼尽管只有 13 岁，但继母的话在他的心中还是引起了震撼。他猛地抱住了继母的臂膀，哭喊道："妈，我以后不这样了。"

继母教会了维尼人生中的重要一课——人活着要有尊严。继母因为懂得这一点，所以从没有勉强小维尼叫她母亲，当然她同样不允许别人侮辱小维尼。

人活着就要有尊严，活着就该挺起刚正的脊梁，这是做人的根本，小维尼也许还懵懂不知，然而，作为成年人，理应捍卫自己的尊严。

心灵感悟

自尊，不仅仅是为了维护个人的尊严，更是为了捍卫整个血统、家族以及种族的尊严，这是对自尊含义的拓展，是更宽广层面上的自尊。

我有我的工作

自尊心是一个人灵魂中的杠杆。财富与名利不会永远跟随在你身旁，但尊严却是永远追随你的天使，如果你能够时刻想着它的话。

有一次，电影明星洛依德将车开到检修站，一个女工接待了他。她熟练灵巧的双手和年轻俊美的容貌一下子吸引了他。

整个巴黎都知道他，但这个姑娘却没表示出丝毫的惊讶和兴奋。

"您喜欢看电影吗？"他不禁问道。

"当然喜欢，我是个电影迷。"

她手脚麻利，看得出她的修车技术非常熟练。半小时不到，她就修好了车。

"您可以开走了，先生。"

他却依依不舍："小姐，您可以陪我去兜兜风吗？"

"不，先生，我还有工作。"

"这同样是您的工作。您修的车，难道不亲自检查一下吗？"

"好吧，是您开还是我开？"

"当然我开，是我邀请您的嘛。"

车跑得很好。姑娘说："看来没有什么问题，请让我下车好吗？"

"怎么，您不想再陪陪我吗？我再问您一遍，您喜欢看电影吗？"

"我回答过了，喜欢，而且是个影迷。"

"您不认识我？"

"怎么不认识，您一来我就认出了，您是当代影帝阿列克斯·洛依德。"

"既然如此，您为何对我这样冷淡？"

"不！您错了，我没有冷淡。只是没有像别的女孩子那样狂热。您有您的成绩，我有我的工作。您今天来修车，是我的顾客，我就像接待顾客一样接待您；将来如果您不再是明星了，再来修车，我也会像今天一样接待您。人与人之间不应该是这样吗？"

洛依德沉默了。在这个普通的女工面前，他感觉到自己的浅薄与狂妄。

"小姐。谢谢！您让我受到了一次很好的教育。现在，我送您回去。再要修车的话，我还会来找您。"

心灵感悟

连自己都不尊重的人，是无法明白尊重的含义的，也不能体会到获得尊重的快乐体验。生命是自己的，重视与否取决于自己的心，负责与否同样也取决于你自己。

萧伯纳与小女孩

有一次，英国著名戏剧家萧伯纳访问苏联时，遇到一位十分可爱的小女孩。萧伯纳很喜欢这个小姑娘，竟同她在一起玩了许久。临分别时，萧伯纳对小女孩说："回去别忘了告诉你爸爸妈妈，就说今天你同世界名人萧伯纳先生在一起玩了！"说完，萧伯纳以为，小姑娘一定会为自己能与一位世界名人在一起玩而惊喜万分。

"您真是萧伯纳伯伯吗？"

"怎么啦，难道我不像？"

"可是，我想不到您竟然会这么骄傲。您回去后，也请转告您的爸爸妈妈，就说今天和你一起玩的是一位苏联小女孩。"

小女孩的话，让萧伯纳不觉为之一震。他马上意识到刚才自己太自以为是了，一时不知该说什么好。

"一个人，无论取得怎样巨大的成就，都没有理由自夸。对任何人，都应平等相待，永远保持谦虚。"事后，萧伯纳感慨地说，"这就是那位苏联小姑娘给我的教育。她，也是我的老师，我一生都不会忘了她！"

心灵感悟

越是谦虚的人别人越尊重他，因为真实的谦虚让人备显高贵而优雅，具有难以抗拒的魅力。

一份牛排

一位朋友在英国工作时，有次去餐厅用餐，看到一对衣着普通的夫妇，带着一个年纪约八九岁的小男孩，来到一家著名的正统西餐厅。

他们坐定之后，侍者递上菜单，这对夫妇点了一份价格最低的牛排。侍者脸上露出诧异的神色，迟疑问道："一份牛排？可是你们有 3 位，这样够用吗？"那对父母中的爸爸腼腆地笑了笑，说："我们都吃过了，牛排是给孩子吃的！"

很快地，那一家人所点的牛排套餐，包括餐前的浓汤及生菜沙拉，送到了小孩的面前，父母微笑而满足地看着他们的孩子用餐。

这一家人的举动，引起了餐厅经理的注意。

他发现，这对父母在教导孩子使用桌上的刀叉时，取用的顺序十分正确，而且对于孩子的用餐礼节，亦要求得相当严格，反复而有耐心地、一次又一次教他们的孩子，直到他做对为止。

餐厅经理看到这种情形，知道这一家人的经济状况应该不是太好，于是，就吩咐侍者送去两杯咖啡。那位爸爸连忙挥手，正要说他们没有点时，经理走上前去，礼貌地告诉他们，这是餐厅用来免费招待客人的。

随后，经理和这对夫妇聊了起来，终于了解了为什么这一家3人却只点一份餐点的真正原因。

那位爸爸说："不怕你知道，我们的经济条件很差，根本吃不起这种高级餐厅的晚餐，但我们对孩子有信心，知道在贫困环境下长大的小孩，会有不凡的成就，我们希望能及早教会他正确的用餐礼仪。更重要的是，我们也想让孩子在成长过程中，记住自己曾在高级餐厅中接受过备受尊重服务的那种感觉，希望他将来做一个永远懂得自重，也能尊重为他服务的人。"

文中父母的用心何等良苦！孩子的自尊意识需要从小培养和浇灌，将来成长的路上他才不会忘记自尊自爱、尊重他人及其辛勤的劳动。

心灵感悟

自尊心是一种美德，是促使一个人不断向上发展的一种原动力。一个人唯有自尊自爱，才会在坎坷的人生中，承受风霜雨雪，寻求一条自立自强的道路。